AI 提問學習應用

ChatGPT、NotebookLM
Gemini、GitHub Copilot

從零到完全實戰

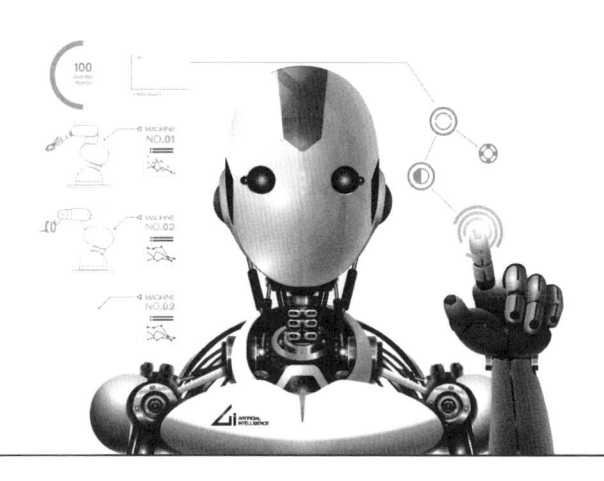

序

人工智慧（AI）正快速改變我們的生活、學習與工作方式，成為提升效率與創造力的關鍵工具。然而，許多人在使用 AI 時，常因提問方式不精確，導致 AI 無法提供有效回應。本書《AI 提問×學習×應用》，不僅介紹如何使用 AI，更重要的是如何與 AI 有效溝通，透過精確提問來獲得最佳解答，並將 AI 應用於學習、工作與創作。

為什麼「提問技巧」是關鍵？

AI 的回答品質，取決於輸入的問題。「Garbage In, Garbage Out」（輸入錯誤，輸出無效），如果提問模糊、不完整，AI 也只能產生錯誤或無用的回應。本書介紹 Prompt Engineering（AI 提問工程），透過系統化的方法，讓你能夠清楚描述需求，引導 AI 提供更精確的回覆。

AI 如何提升學習與工作？

領域	說明
學習	AI 能輔助語言學習（例句生成、語法修正）、程式設計（程式解析、錯誤排查），提供個人化學習計畫。
工作	AI 能協助自動生成報告、資料分析、寫作輔助、會議紀錄整理，大幅提升效率。
內容創作	AI 可協助撰寫行銷文案、腳本、部落格文章，甚至能生成圖片與影片，幫助創意工作者更快產出內容。
自動化應用	透過 AI + Python / VBA，建立批量資料處理、文件整理、自動化 Excel 報表，減少繁瑣工作。

本書特色

- 深入淺出，結合理論與實戰：不僅講解 AI 的基礎概念，還有具體操作案例，幫助讀者快速應用。
- 涵蓋多領域應用：語言學習、程式開發、資料分析、行銷、辦公自動化等，讓 AI 成為你的萬能助手。
- 關注 AI 風險與倫理：如何判斷 AI 回應的正確性，避免 AI 偏見，並負責任地使用 AI。

誰適合閱讀？

讀者	說明
學生與自學者	學會 AI 提問技巧，讓 AI 成為你的學習夥伴。
職場人士	運用 AI 提高工作效率，簡化資料分析與自動化工作。
開發人員與工程師	學習 AI 幫助程式開發、自動化腳本與錯誤排查。
內容創作者	運用 AI 增強創作力，撰寫更具吸引力的文章與腳本。

AI 已經成為現代工作與學習中不可或缺的工具，關鍵不只是會使用 AI，而是能否有效率與 AI 互動。透過本書的學習，你將掌握 AI 提問技巧與應用方法，讓 AI 成為你的強力助手，幫助你在學習、工作與創作上更進一步，迎接 AI 驅動的智慧時代！

吳進北
2025/03/17

目錄

CHAPTER 1　AI 如何運作？

1.1　AI 的 5W1H 1-2
1.2　AI 的基礎概念 1-6
1.3　AI 的運作方式 1-7

CHAPTER 2　AI 提問黃金法則（全面實作）

2.1　提問的重要性：Garbage In、Garbage Out 原則 2-2
2.2　AI 提問五大黃金法則 2-8
2.3　AI 提問錯誤示範與改進範例 2-15
2.4　針對不同 AI 模型（ChatGPT、Gemini）的
　　 提問策略差異 2-17
2.5　Gemini 的優勢 2-18

CHAPTER 3　進階提問技巧（Prompt Engineering 實戰）

3.1　Prompt Engineering 是什麼？ 3-2
3.2　進階提示技術：
　　 Zero-shot、One-shot、Few-shot Learning 3-4
3.3　Chain-of-Thought（CoT）推理與應用 3-6
3.4　ReAct 框架（Reasoning+Acting）提升 AI 問答能力 3-8
3.5　角色扮演與多輪對話最佳化 3-10

3.6 進階 AI 提問應用實戰：寫作、學術研究、決策分析 3-11
3.7 針對 Gemini 的多模態提示設計 3-15
3.8 Prompt Engineering 的相關工具與資源 3-18
3.9 Prompt Engineering 的未來發展趨勢 3-19

4 用 AI 學英文，提升學習效率

4.1 AI 如何幫助英文學習 4-2
4.2 AI 生成例句、對話練習 4-3
4.3 英文寫作錯誤修正與改進建議 4-7
4.4 AI 模擬英語老師，提供學習建議 4-10
4.5 AI 輔助聽力與口說訓練 4-15
4.6 英文學習 AI 工具推薦與實戰 4-20

5 用 AI 學程式設計，讓學習更有效率

5.1 AI 在程式學習上的優勢與限制 5-2
5.2 如何用 AI 解析程式碼與錯誤除錯 5-3
5.3 AI 幫助學習新程式語言（Python、Java、C++ 等）..... 5-8
5.4 自動生成範例程式與最佳化程式碼 5-11
5.5 AI 輔助資料結構與演算法學習 5-13
5.6 AI + GitHub Copilot：如何有效提升程式開發效率 5-18

CHAPTER 6　AI 幫助日常工作，提升效率

6.1　AI 如何成為你的工作助理 6-2
6.2　AI 幫助寫 Email、報告 6-3
6.3　AI 會議記錄與資訊整理 6-7
6.4　AI 自動化 Excel / Google Sheets 資料分析 6-10
6.5　AI + Notion、Trello 來管理工作流程 6-15

CHAPTER 7　AI 內容創作大解密

7.1　AI 文章寫作的應用與限制 7-2
7.2　如何用 AI 撰寫部落格、行銷文案 7-3
7.3　AI 助力影片腳本、Podcast 文案製作 7-6
7.4　AI 生成圖片與影片（DALL・E、Runway、Midjourney） 7-10
7.5　AI 幫助創意發想與內容改寫 7-15

CHAPTER 8　AI + Python / VBA 自動化實戰

8.1　AI + Python 自動化應用範例 8-2
8.2　AI 幫助寫 Python 自動化程式 8-3
8.3　VBA + AI 提升 Excel 自動化能力 8-6
8.4　AI 驅動的批量資料處理與文件處理 8-10
8.5　企業應用：AI 自動報表、資料清理、文件轉換 8-14

CHAPTER 9 NotebookLM 與 AI 知識管理

9.1 NotebookLM 與 AI 知識管理 9-2

9.2 NotebookLM 實例演習 9-5

CHAPTER 10 如何避免 AI 產生錯誤資訊

10.1 AI 產生錯誤資訊的原因 10-2

10.2 如何驗證 AI 回答的正確性 10-3

10.3 避免 AI 偏見與錯誤引導 10-5

10.4 AI 內容審查與事實查核工具 10-6

10.5 AI 風險管理與負責任使用 AI 10-7

10.6 Gemini 在資訊驗證與事實查核應用 10-8

CHAPTER 11 AI 趨勢與未來影響

11.1 未來趨勢 11-2

11.2 未來影響 11-3

APPENDIX A 附錄

A-1 AI 工具推薦 A-2

A-2 AI 大事記 A-6

A-3 AI 名詞解釋 A-8

A-4 AI 重要人物 A-11

A-5 AI 重要公司、機構、組織 A-13

1
CHAPTER

AI 如何運作？

AI 提問×學習×應用

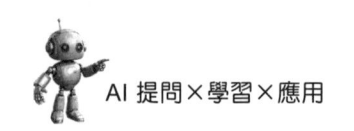

本章將從 AI 的基礎概念開始，逐步剖析機器學習、大型語言模型和神經網路等核心技術。透過圖表化的呈現，您將能輕鬆掌握不同 AI 模型的運作方式、優缺點與應用情境。此外，我們也將比較 ChatGPT、Gemini 等熱門 AI 模型的效能，讓您對 AI 的實力與限制有更全面的認識。

1.1 AI 的 5W1H

用 5W1H 解釋 AI

Who（誰？）

- **誰創造了 AI？** AI 不是由單一個人創造的，而是眾多科學家、研究人員、工程師和科技公司長期共同努力的成果。從早期的 Alan Turing、John McCarthy，到近代的 Geoffrey Hinton、Yann LeCun、Yoshua Bengio 等人，都是 AI 發展的重要推手。

- **誰在使用 AI？** AI 的應用範圍非常廣泛，從個人使用者到企業、政府機構都在使用 AI。例如，我們使用 AI 來搜尋資料、翻譯語言、推薦商品，企業使用 AI 來分析數據、優化流程，政府機構使用 AI 來改善公共服務、預測犯罪等。

- **誰受到 AI 的影響？** 可以說，我們每個人都受到 AI 的影響。AI 改變了我們的工作方式、生活方式，甚至思考方式。

What（什麼？）

- 什麼是 AI？AI（Artificial Intelligence）指的是讓電腦或機器能夠像人類一樣思考、學習、推理和解決問題的能力。

- AI 包含哪些技術？AI 包含許多不同的技術，例如：

  - 機器學習（Machine Learning）
  - 深度學習（Deep Learning）
  - 自然語言處理（Natural Language Processing）
  - 電腦視覺（Computer Vision）
  - 機器人學（Robotics）

- AI 可以做什麼？AI 可以做很多事情，例如：

  - 圖像識別：分辨照片中的物體、人臉。
  - 語音識別：聽懂人類說話的內容。
  - 自然語言處理：理解和生成人類語言。
  - 機器人控制：讓機器人執行各種任務。
  - 數據分析：從大量數據中找出有用的資訊。
  - 預測分析：預測未來的趨勢和事件。

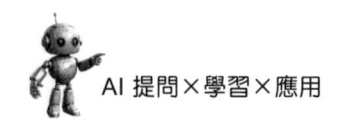

When（何時？）

- **AI 何時開始發展？** AI 的概念早在 1950 年代就已經提出，但真正開始快速發展則是在近十幾年。

- **AI 何時變得普及？** 隨著技術的進步和成本的降低，AI 在近年來越來越普及，進入了我們的生活。

- **AI 的未來發展趨勢？** AI 的未來發展充滿了無限可能，例如：

    - 更強大的 AI 模型：能夠處理更複雜的任務。
    - 更普及的 AI 應用：AI 將融入我們生活的各個方面。
    - 更智能的 AI 系統：能夠更好地理解人類的需求。

Where（何地？）

- **AI 在哪裡被研究？** AI 研究在全球各地都有進行，主要集中在大學、研究機構和科技公司。

- **AI 在哪裡被應用？** AI 的應用範圍非常廣泛，包括：

    - 網路：搜尋引擎、社交媒體、電子商務。
    - 交通：自動駕駛汽車、智能交通管理。
    - 醫療：疾病診斷、藥物研發。
    - 金融：風險評估、投資建議。
    - 教育：智能輔導系統、個性化學習。

Why（為什麼？）

- 為什麼要發展 AI？發展 AI 的原因有很多，例如：

  - 提高效率：AI 可以幫助我們更快速、更準確地完成任務。
  - 解決問題：AI 可以幫助我們解決一些複雜的問題，例如氣候變化、疾病治療。
  - 改善生活：AI 可以讓我們的生活更便利、更舒適。
  - 探索未知：AI 可以幫助我們探索宇宙、了解人類自身。

How（如何？）

- AI 如何運作？AI 的運作方式有很多種，不同的技術有不同的原理。
- 如何學習 AI？學習 AI 可以透過以下方式：

  - 線上課程：Coursera、Udacity 等平台提供了許多 AI 相關課程。
  - 書籍：閱讀 AI 相關書籍可以深入了解 AI 的理論和技術。
  - 實作：參與 AI 專案可以學習實際應用 AI 技術。

1.2 AI 的基礎概念

概念/模型	定義	運作方式
人工智慧 （AI）	模擬人類智能的技術領域，涉及機器如何學習、推理以及解決問題。	建立可以自主學習和應用知識的系統。
機器學習 （ML）	AI 的一個子領域，透過資料訓練模型，讓系統學會預測和決策。	透過監督學習、非監督學習或強化學習等方式訓練模型。
神經網路 （NN）	受人類大腦結構啟發的計算模型，適合處理複雜非線性問題。	透過卷積神經網路（CNN）、循環神經網路（RNN）或 Transformer 等架構處理數據。
大型語言模型 （LLM）	專注於語言資料處理的 AI 模型，擁有數十億參數。	透過預訓練和微調學習語言模式，生成文本、進行推理和執行指令。

概念/模型	應用	優點	限制
人工智慧（AI）	語音識別、圖像處理、自然語言處理、推薦系統等。	模擬人類智能，應用廣泛。	仍有局限性，如無法真正理解語言或情感。
機器學習（ML）	圖像分類、聚類分析、AlphaGo 等。	使機器具備學習能力，自動化預測和決策。	需要大量資料進行訓練，模型可能存在偏見。
神經網路（NN）	人臉識別、語音轉文字、自然語言處理等。	模擬人腦結構，處理複雜問題能力強大。	模型訓練需要大量計算資源。
大型語言模型（LLM）	ChatGPT、GPT-4、Gemini 等。	生成流暢文本，具備推理能力。	參數規模大，計算成本高。

1.3 AI 的運作方式

ChatGPT、Gemini 及其他 AI 模型

模型	開發者	技術基礎	學習方式
ChatGPT	OpenAI	GPT 架構，Transformer 模型。	預訓練、微調、RLHF。
Gemini	Google	多模態 Transformer 模型。	多模態數據預訓練、微調。

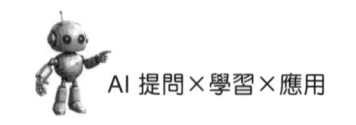

模型	應用	優點	限制
ChatGPT	文本生成、問答、對話等。	在文本生成方面表現出色。	面對未訓練資料可能出現幻覺。
Gemini	圖像描述、影片分析、跨模態推理等。	在多模態理解和生成方面表現出色。	相對較新,可能在某些方面表現不如 ChatGPT。
Claude	自然語言生成、道德評估。	擅長自然語言生成與道德評估。	-
PaLM 2	多語言處理、學術推理。	支援多語言處理和有效率學術推理。	-
Mistral	開源 AI 模型。	提供更靈活的應用方案。	-

AI 的限制與能力邊界

限制/問題	描述
無法真正「理解」	AI 只能基於統計生成最佳回應,無法真正理解語言或情感。
幻覺（Hallucination）	AI 面對未訓練資料可能產生錯誤或不實資訊。
即時資訊限制	AI 對於即時資訊的掌握能力有限,除非連接網路檢索。

限制/問題	描述
偏見與倫理問題	AI 的訓練資料可能帶有偏見，導致不公平的結果。
計算資源與成本	訓練大型 AI 模型需要大量計算資源和成本。

AI 回答的原理

原理	描述
機率計算	AI 透過 Token 預測機制計算下一個詞出現的機率，生成連貫但可能不完全準確的回答。
知識推理	透過 Chain of Thought（CoT）技術，AI 可以進行多步推理，提高在數學和邏輯問題上的正確率。

不同 AI 模型的比較與應用情境

模型	文本生成	翻譯	資料推理	學術應用	多模態理解
GPT-4	優異	優異	良好	良好	較弱
Claude	優異	良好	良好	良好	較弱
PaLM 2	良好	良好	優異	優異	良好
Gemini	良好	良好	良好	良好	優異

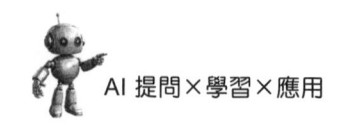

應用情境分析

應用情境	模型推薦
寫作與內容創作	GPT-4（長篇內容）、Claude（簡潔摘要）、Gemini（多模態內容）。
技術與程式輔助	GitHub Copilot、ChatGPT、Gemini（多模態程式理解與生成）。
學術與研究輔助	Elicit、Gemini（多模態學術資料分析）。

CHAPTER 2

AI 提問黃金法則
（全面實作）

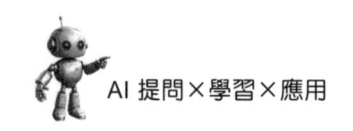

2.1 提問的重要性：Garbage In、Garbage Out 原則

什麼是 Garbage In、Garbage Out（GIGO）原則？

- GIGO 原則說明了輸入品質直接影響產出結果。如果提問含糊、無明確方向，AI 的回答很可能也會缺乏精準性。

範例比較

- 壞提問：「幫我寫篇文章。」
  - 問題過於寬泛，AI 無法確定具體需求，結果可能偏離預期。

- 好提問：「幫我寫一篇 500 字的旅遊心得，描述我在東京三天的行程，並包含美食與景點推薦。」
  - 提問明確，包含字數要求、主題與具體內容需求，讓 AI 更容易產生高品質回答。

> 幫我寫一篇 500 字的旅遊心得，描述我在東京三天的行程，並包含美食與景點推薦。

東京三日遊：美食與景點的完美結合

東京，是一個融合了傳統與現代的城市，無論是熱鬧的街頭，還是隱藏的小巷，都充滿了驚喜。這次的三天行程，我盡情探索了這座迷人的城市，體驗了美食與景點的完美結合。

第一天：淺草與晴空塔

我從淺草的雷門開始了這次旅程。漫步在仲見世街，琳琅滿目的小吃攤讓人目不暇給。我試了傳統的小吃──人形燒，甜蜜的餡料和鬆軟的外皮，讓人一試成主顧。接著，我參觀了淺草寺，感受這座古老寺廟的莊嚴與靜謐。

下午，我來到晴空塔。在展望台上俯瞰東京，全景盡收眼底，特別是夕陽下的城市，讓人感受到無比的震撼。晚上，選了一家日式烤肉店，品嚐了和牛的美味，燉滑的口感讓人回味無窮。

第二天：原宿、表參道與新宿

第二天的早晨，我前往原宿竹下通，感受東京的年輕活力。這裡充滿了創意小店與可愛的甜品店，我品嚐了一份超人氣的彩虹棉花糖，甜而不膩，十分治癒。

下午，我漫步於表參道，感受這裡的時尚氛圍。傍晚時分，我來到新宿，探訪了東京都廳展望室，免費欣賞夜景，閃爍的燈火展現了東京的繁華。晚餐我選擇了新宿著名的拉麵店「一蘭」，濃郁的豚骨湯頭配上彈牙的麵條，是對一天旅程的完美犒賞。

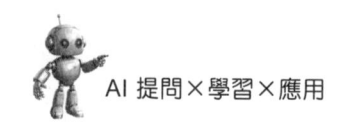

> **第三天：上野與秋葉原**
>
> 最後一天，我來到上野公園，參觀了國立科學博物館，深入了解日本的自然與科技發展。隨後，在公園內的露天攤位享用了章魚燒，外酥內軟的口感令人驚喜。
>
> 下午，我前往秋葉原，這裡是動漫迷的天堂。我參觀了電子商店與動漫周邊店，感受了東京的次文化魅力。最後一餐，我選擇了一家壽司迴轉店，品嚐新鮮的壽司作為東京之行的壓軸。
>
> 這次的東京三日遊，讓我深刻感受到這座城市的多元魅力，無論是歷史文化、美食還是現代科技，東京總能滿足每位旅人的期待。下次，我一定還會再來探索更多！

AI 理解語言的方式：為什麼上下文資訊對 AI 重要？

- 統計與機率預測：AI 基於訓練資料的概率分布選擇最可能的詞或句子。
- 避免開放式提問與簡短問題：簡單的問題缺乏上下文指引，會導致 AI 的回答過於一般化或偏離重點。
- 範例：
  - 壞例子：「如何提升工作效率？」
  - 好例子：「請提供 5 個提升工作效率的方法，適用於遠程工作的自由職業者。」

「請提供 5 個提升工作效率的方法，適用於遠程工作的自由職業者。」

5 個提升遠程工作自由職業者效率的方法

1. 建立清晰的工作計劃

- **分解任務**：將工作目標分解成每日或每周的小任務，設定具體的完成時間。
- **優先排序**：使用 Eisenhower 矩陣（重要 vs. 緊急）來分配任務優先級。
- **工具推薦**：Notion、Trello、Todoist，可以用來管理待辦事項和項目進度。

2. 設置專業的工作環境

- **專屬工作空間**：即使在家中，也要劃分一個固定區域作為辦公空間，避免干擾。
- **保持整潔與舒適**：確保桌面整潔，並配置符合人體工學的椅子與桌子。
- **遠離干擾**：避免在沙發或床上工作，並關閉不必要的社交媒體通知。

3. 善用生產力工具

- **時間管理**：採用番茄工作法（Pomodoro Technique），專注 25 分鐘後休息 5 分鐘。
    - 工具推薦：Focus To-Do、Toggl Track。
- **自動化任務**：使用自動化工具減少重複性工作。
    - 工具推薦：Zapier（跨應用任務自動化）、IFTTT（簡化日常流程）。
- **雲端協作**：使用 Google Drive、Dropbox 方便地存取與共享文件。

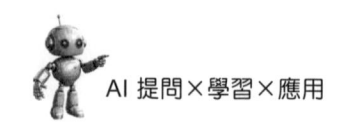

4. 定義工作與休息的界線
- 設定工作時間：制定固定的工作時間表，避免因為自由度高而產生懶散。
- 堅持休息時間：中途安排短暫的休息或午餐時間，幫助大腦放鬆與重新聚焦。
- 結束工作儀式：每天設置一個固定的結束例行，如整理桌面或寫下次日的待辦事項，幫助心理上「下班」。

5. 投資自我提升
- 學習新技能：利用線上資源（如 Udemy、Coursera、LinkedIn Learning）提升專業技能。
- 持續檢視表現：每周進行自我回顧，分析完成的項目與可以改進的地方。
- 健康優先：定期運動、冥想（推薦 Calm、Headspace），提升專注力與減少壓力。

總結

遠程工作的自由職業者需要平衡自由與自律，建立良好的工作習慣並善用工具，才能在家中或咖啡廳保持高效。如果能結合時間管理、工作空間設置與自我提升，你的生產力將顯著提高。

如何讓 AI 產出高品質回應？

- 結構化提問技巧：
  - 提供明確的問題背景（Who, What, When, Where, Why, How）。
  - 指定輸出格式（例如表格、條列式、特定風格）。

- 案例：
  - 壞提問：「什麼是 Python？」
  - 好提問：「假設我是程式設計初學者，請用簡單易懂的語言解釋什麼是 Python，並列出 3 個常見應用。」

> 假設我是程式設計初學者，請用簡單易懂的語言解釋什麼是 Python，並列出 3 個常見應用。

Python 是什麼？

Python 是一種 **簡單易學** 的程式語言，非常適合初學者。它的語法設計得像日常語言一樣簡單，讓你可以更輕鬆地理解程式邏輯，而不用被複雜的語法規則困擾。

以下是 Python 的一些特點：

1. **簡單明確**：程式碼易讀，適合快速上手。
2. **多用途**：可以用來做很多不同的事情，比如開發網站、數據分析，甚至是人工智慧。
3. **免費且開源**：你可以免費使用和修改 Python，還有大量的免費資源和社群支持。

…略

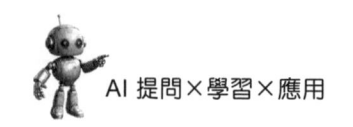

3. 人工智慧與機器學習
   - Python 是 AI 和機器學習的熱門選擇，因為它有很多現成的工具（如 TensorFlow、scikit-learn）。
   - 應用範例：
     - 建立一個簡單的聊天機器人。
     - 訓練模型來預測房價。

總結

Python 是一種簡單、功能強大的程式語言，無論你是想建立網站、處理數據，還是進入人工智慧領域，Python 都是你學程式的理想選擇。初學者只需要一步步嘗試，便能快速體驗到用程式解決問題的樂趣！

2.2 AI 提問五大黃金法則

明確具體：避免模糊提問，給 AI 足夠上下文

- 為什麼模糊提問會導致低品質回答？
  - 模糊提問讓 AI 無法理解完整需求，結果可能與預期不符。

● 範例對比：

  ○ 壞例子：「幫我生成程式碼。」
  ○ 好例子：「請幫我寫一個 Python 程式，讀取一個 CSV 檔案，計算每列資料的總和，並將結果儲存到新的 CSV 中。」

> 請幫我寫一個 Python 程式，讀取一個 CSV 檔案，計算每列數據的總和，並將結果儲存到新的 CSV 中。

以下是完整的 Python 程式，它可以讀取一個 CSV 檔案，計算每列數據的總和，並將結果儲存到新的 CSV 檔案中。

Python 程式碼

```python
import csv

def calculate_row_sums(input_file, output_file):
    try:
        # 讀取 CSV 檔案
        with open(input_file, mode='r', newline='', encoding='utf-8') as infile:
            reader = csv.reader(infile)
            data = list(reader)

            # 確保有資料，並提取標題與內容
```

2-9

輸出範例

執行程式後，會生成一個 `output.csv`，內容如下：

```mathematica
Name,Value1,Value2,Value3,Total
Row1,10,20,30,60
Row2,5,15,25,45
Row3,8,12,22,42
```

如何運行

1. 準備一個名為 `input.csv` 的文件，並放入以上範例內容。
2. 執行程式，結果會儲存在與程式相同目錄下的 `output.csv` 中。
3. 如需處理其他文件，只需更改 `input_csv` 和 `output_csv` 的檔案名稱即可。

如果你需要進一步調整功能，歡迎隨時告訴我！ 😊

🏠 分步拆解：複雜問題如何拆解成簡單步驟

- 為什麼 AI 無法一次解決複雜問題？
  - AI 更擅長回答具體問題，將問題拆解為步驟有助於提升回答準確性。

- 拆解範例：
  - 壞例子：「如何創建成功的企業？」
  - 好例子：
    - ▶ 「成功企業的關鍵特質有哪些？」
    - ▶ 「有哪些行銷策略能提高市場佔有率？」
    - ▶ 「請列出創業初期資金管理的 5 個建議。」

---

o 「成功企業的關鍵特質有哪些？」
o 「有哪些行銷策略能提高市場佔有率？」
o 「請列出創業初期資金管理的 5 個建議。」

1. 成功企業的關鍵特質有哪些？

成功企業通常具備以下幾個關鍵特質：

1. 清晰的願景與使命
   - 成功的企業通常有明確的目標，知道自己要實現什麼，以及如何實現。
   - 例如：特斯拉的使命是「加速全球向可持續能源的轉變」。

2. 以客戶為中心
   - 客戶需求是業務發展的核心，成功企業總能為客戶提供高價值的產品或服務。
   - 例子：Amazon 通過卓越的客戶服務和快速的物流贏得市場。

3. 適應變化與創新能力
   - 成功企業能快速適應市場變化，並不斷創新以保持競爭優勢。
   - 例如：Apple 在科技與設計上的持續創新。

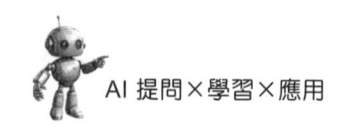

角色與背景設定：讓 AI 進入最佳狀態

- 設定 AI 的角色能提升回答品質。
- 範例：
  - 壞例子：「幫我制定健康計畫。」
  - 好例子：「假設你是一名營養師，請為一名想減重的 30 歲上班族制定一週飲食與運動計畫。」

> 假設你是一名營養師，請為一名想減重的 30 歲上班族制定一週飲食與運動計畫。

30 歲上班族減重計畫（營養師建議）

目標：健康減重，每週減少 0.5-1 公斤，均衡營養，保持充足能量應對工作與生活。

✅ 飲食計畫（每餐約 400-500 kcal）

⚙ 星期一 - 五（工作日飲食）

餐別	建議食物	份量與說明
早餐	燕麥 + 希臘優格 + 堅果	1 碗燕麥（無糖）、100g 希臘優格、10g 堅果（杏仁/核桃）
午餐	雞胸肉 + 糙米飯 + 蔬菜	120g 雞胸肉、1/2 碗糙米飯、燙青菜（菠菜、花椰菜）
下午點心	蛋白飲 + 水果	1 杯無糖豆漿（或乳清蛋白）、1 份水果（蘋果、奇異果）
晚餐	營養沙拉 + 魚肉	綠色蔬菜沙拉（搭配 80g 魚肉，如鮭魚或鯛魚）+ 1 片全麥吐司
飲水	每天 2000ml 以上	減少含糖飲料，選擇水、無糖茶或黑咖啡

星期	運動類型	時間
週一	快走 + 簡單核心訓練	30 分鐘快走 + 10 分鐘仰臥起坐、平板支撐
週二	HIIT 高強度間歇運動	20 分鐘（深蹲、波比跳、登山跑，每組 30 秒 x 4）
週三	重量訓練（上半身）	30 分鐘（深蹲、啞鈴推舉、引體向上）
週四	瑜珈 / 伸展	30 分鐘（放鬆肌肉，減少運動疲勞）
週五	慢跑 + 腹肌訓練	30 分鐘慢跑 + 15 分鐘捲腹訓練
週六	輕鬆運動（戶外走路/騎車）	45 分鐘戶外活動
週日	休息	保持活動，如家務、散步

📌 其他建議

1. **飲食習慣**：避免暴飲暴食，減少油炸、高糖、高鹽食品。
2. **固定運動習慣**：盡量安排在每天固定時間，增強執行力。
3. **睡眠充足**：每天至少 7 小時睡眠，避免熬夜影響代謝。
4. 每週記錄體重 & 身體變化，確保計畫有效並適時調整。

📌 總結

這套 均衡飲食 + 運動計畫，能幫助上班族有效減重，同時維持良好體態與健康。如有更具體的需求（如特殊飲食習慣），可再進一步調整！💪🥑

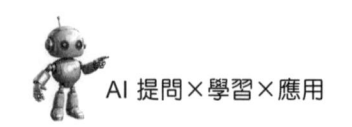

範例與格式要求：引導 AI 產出符合需求的內容

- 讓 AI 模仿特定範例格式。
- 範例：
  - 壞提問：「請給我一些產品文案。」
  - 好提問：「請幫我撰寫 3 條 20 字內的產品文案，每條針對不同受眾群體，並附上簡單的說明。」

> 請幫我撰寫 3 條 20 字內的產品文案，每條針對不同受眾群體，並附上簡單的說明。

1. 針對環保意識消費者

「愛地球，選擇我們的環保牙刷！100% 可生物降解，守護微笑，也守護未來。」
☑ 說明：強調產品的環保特性，吸引關心可持續發展的消費者。

2. 針對科技愛好者

「極速效能，無限可能！新款 AI 智慧手機，帶來前所未有的流暢體驗。」
☑ 說明：突出 AI 技術與效能，吸引熱愛科技產品的用戶。

3. 針對健身愛好者

「高蛋白，低熱量！我們的健康代餐，讓你輕鬆塑形，補充能量無負擔。」
☑ 說明：聚焦健康與健身需求，吸引關注營養均衡的消費者。

這三條文案各自針對不同的受眾，強調產品的獨特價值，讓目標客群能快速產生共鳴！🎯✨

- 以下二個格式要求例子，請讀者於ChatGPT練習：
  - 「請用表格列出資料分析的優缺點。」
  - 「請用 JSON 格式輸出書籍的目錄。」

反饋與優化：如何根據 AI 回答進行修正與優化

- 案例：
  - 第一次提問：「請幫我寫一篇關於科技未來的文章。」
  - AI 回應後反饋：「請補充更多關於 AI 對工作的影響，並加強結語部分。」
  - 修正後提問：「請在文章中增加對未來就業趨勢的分析，並加強具體資料支持。」

2.3 AI 提問錯誤示範與改進範例

錯誤 1：問題過於簡單或含糊

- ✗：「給我 Python 程式碼。」
- ✓：「請幫我撰寫一個 Python 程式，計算並輸出一個數字陣列的平均值。」

錯誤 2：沒有給出明確格式

- ✗：「請列出 10 個提升效率的建議。」
- ✓：「請列出 10 個提升效率的建議，並用條列式格式表示。」

錯誤 3：缺乏背景資訊

- ✗：「怎麼學好英文？」
- ✓：「假設我是高中生，英語基礎薄弱，請提供學好英文的 5 個具體建議，包括聽、說、讀、寫方面。」

錯誤 4：沒有逐步拆解問題

- ✗：「如何設計一款手機應用？」
- ✓：「請按步驟解釋如何設計一款手機應用，包括市場研究、功能設計、開發技術選型等。」

錯誤 5：不給 AI 反饋

- ✗：接受 AI 的第一個回應，即使不完全符合需求。
- ✓：「請將結果改寫成更正式的語氣，並補充具體範例。」

2.4 針對不同 AI 模型（ChatGPT、Gemini）的提問策略差異

ChatGPT

- 在自然語言生成、文本摘要和翻譯方面表現出色。
- 提問時可以更側重於語言表達和風格。
- 例如：「請用優美的文字描述日落的景象。」

Gemini

- 在多模態內容理解和生成方面表現出色，能夠處理文字、圖像、聲音等多種數據類型。
- 提問時可以結合多模態元素，例如：「請描述這張圖片中的內容，並分析其中包含的情感。」
- 由於 Gemini 仍在不斷發展，建議關注其最新功能和應用，以便更好地利用其優勢。

本節重點

- 了解提問的重要性，掌握 Garbage In, Garbage Out 原則。
- 學習 AI 提問五大黃金法則，提升提問效率和準確性。
- 避免常見的 AI 提問錯誤，並學會改進提問方式。
- 針對不同 AI 模型（ChatGPT、Gemini）的特性，制定差異化的提問策略。

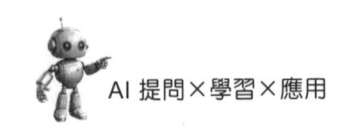

2.5 Gemini 的優勢

從 ChatGPT 改用 Gemini的原因：

多模態能力

- Gemini 的設計使其能夠同時理解和處理不同形式的資訊，包括文字、程式碼、圖像、影片等。這意味著 Gemini 在處理複雜、多樣化的任務時可能更具優勢。

- 例如，Gemini 可以分析圖像並回答相關問題，或者整合影片和文字資訊來提供更全面的解答。

  （註：Gemini的多模態能力，於後面3.7章節討論）

與 Google 生態系統的整合

- Gemini 與 Google 的其他產品和服務（例如 Google 搜尋、Google Workspace 等）有更緊密的整合。這可能帶來更流暢、更便捷的使用體驗。

- 例如，Gemini 可以直接存取 Google 搜尋的資訊，提供更即時、更準確的答案。

持續發展與創新

- Google 在人工智慧領域投入了大量資源，Gemini 作為其最新的成果，代表了 Google 在 AI 技術上的最新進展。

- Google 持續對 Gemini 進行更新和改進，未來可能會推出更多新功能和應用。

事實查核機制

- Gemini 擁有事實查核的機制，會檢查答案是否正確，這讓使用者在使用上可以更加的安心。

不同的應用場景

- ChatGPT 和 Gemini 可能在不同的應用場景下表現更出色。選擇哪個模型取決於您的具體需求。

技術不斷迭代

- 人工智慧技術發展迅速，模型的性能也在不斷提升。因此，最佳選擇可能會隨著時間而變化。

Gemini 的多模態能力和與 Google 生態系統的整合是其主要優勢。您可以根據自己的需求和偏好，選擇最適合您的 AI 模型。

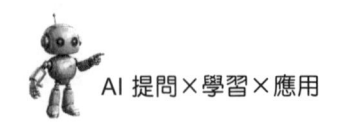

🔲 Gemini 使用例

> **Gemini** ▾
> 2.0 Flash

> 嘉義美食一日遊

嘉義美食一日遊，絕對能讓您從早吃到晚，滿足您的味蕾！以下為您規劃一條豐富的行程，包含必吃美食和順遊景點：

上午：傳統早點與文化巡禮

7:00-8:00：

噴水雞肉飯：

嘉義最經典的早餐，品嚐道地的火雞肉飯，搭配滷豆腐或滷蛋，開啟美好的一天。

東門圓環肉羹：

肉羹湯頭濃郁，肉羹紮實，是嘉義人從小吃到大的美味。

8:00-11:00：

檜意森活村：

漫步在日式建築群中，感受濃厚的歷史氛圍，逛逛文創小店，品嚐特色點心。

嘉義市立博物館：

深入了解嘉義的歷史文化，欣賞豐富的館藏，增添人文氣息。

中午：在地小吃與冰品饗宴

11:00-14:00：

林聰明砂鍋魚頭：

嘉義必吃名店，砂鍋魚頭湯頭濃郁，配料豐富，讓人回味無窮。

阿娥豆花：

品嚐傳統豆花，口感綿密，搭配花生或粉圓，消暑解膩。

2-20

御香屋：

品嘗嘉義知名的葡萄柚綠茶，酸甜清爽，是消暑聖品。

下午：甜點時光與文青漫遊

14:00-17:00：

文化路夜市（白天也有部分店家營業）：

品嚐各種在地小吃，如烤玉米、雞排、古早味蛋糕等，滿足您的味蕾。

車庫咖啡：

在具有特色的老車庫改造的咖啡廳，享受悠閒的下午茶時光。

愛木村觀光工廠：

了解木材的知識，體驗木製DIY的樂趣。

晚上：夜市美食與宵夜選擇

17:00-21:00：

文化路夜市：

夜市更加熱鬧，品嚐更多夜市限定美食，如海產粥、滷味、烤肉串等。

21:00-：

宵夜選擇：

嘉義宵夜選擇多樣，可選擇豆漿豆花、鹹酥雞、或返回飯店享用便利商店美食。

美食推薦補充：

嘉義涼麵

嘉義米糕

方塊吐司

交通建議：

嘉義市區不大，建議以計程車、公車或步行搭配YouBike為主。

若有開車，需注意市區停車位較難尋找。

AI 提問×學習×應用

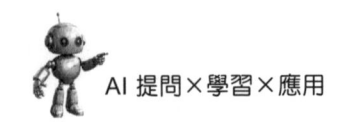

貼心提醒：

嘉義美食眾多，建議事先查詢店家營業時間，避免撲空。

文化路夜市人潮眾多，請注意自身財物安全。

嘉義天氣炎熱，請做好防曬和補充水分。

希望這份嘉義美食一日遊行程能讓您有個愉快的旅程！

Gemini 2.0 Flash

請用表格列出

分析完成

好的！以下是嘉義美食一日遊的表格：

時間區段	行程內容	美食推薦	備註	交通建議
上午				
7:00-8:00	傳統早餐	噴水雞肉飯、東門圓環肉羹	開始美好的一天	步行或YouBike
8:00-11:00	文化巡禮		檜意森活村：日式建築、文創小店	
			嘉義市立博物館：歷史文化、豐富館藏	公車

時間區段	行程內容	美食推薦	備註	交通建議
中午				
11:00-14:00	在地小吃	林聰明砂鍋魚頭、阿娥豆花、御香屋		計程車或步行
下午				
14:00-17:00	甜點時光 & 文青漫遊	文化路夜市：烤玉米、雞排、古早味蛋糕		步行或YouBike
			車庫咖啡：老車庫改造咖啡廳	
			愛木村觀光工廠：木材知識、木製DIY	公車
晚上				
17:00-21:00	夜市美食	文化路夜市：海產粥、滷味、烤肉串	夜市更加熱鬧	步行
21:00-	宵夜	豆漿豆花、鹹酥雞、便利商店美食		計程車或步行

最後，完成「嘉義美食一日遊」表格，資料齊全可以直接使用了。

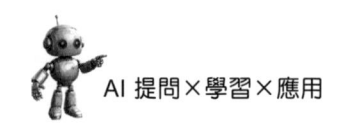

Gemini 與 ChatGPT 列表比較

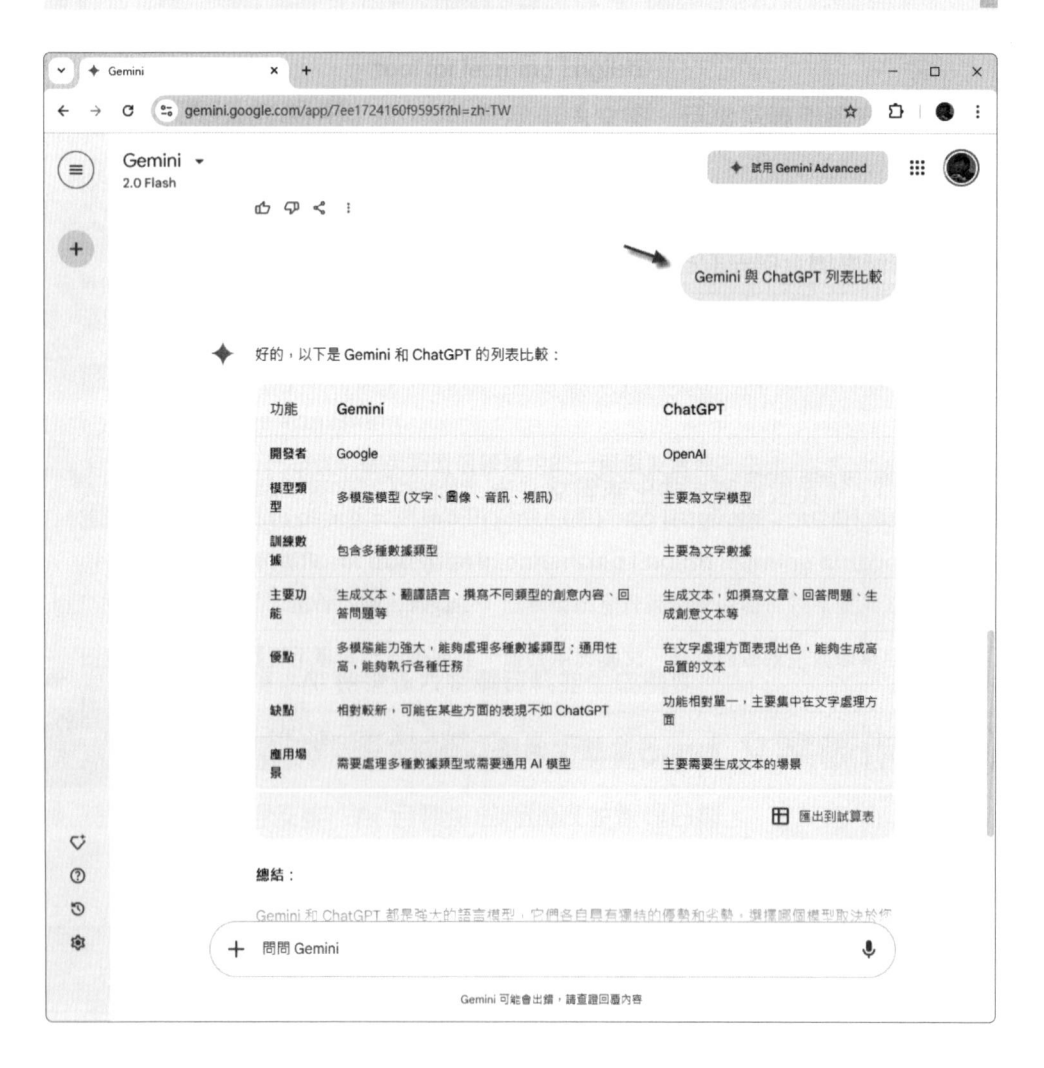

好的,以下是 Gemini 和 ChatGPT 的列表比較:

功能	Gemini	ChatGPT
開發者	Google	OpenAI
模型類型	多模態模型(文字、圖像、音訊、視訊)	主要為文字模型
訓練數據	包含多種數據類型	主要為文字數據
主要功能	生成文本、翻譯語言、撰寫不同類型的創意內容、回答問題等	生成文本,如撰寫文章、回答問題、生成創意文本等
優點	多模態能力強大,能夠處理多種數據類型;通用性高,能夠執行各種任務	在文字處理方面表現出色,能夠生成高品質的文本
缺點	相對較新,可能在某些方面的表現不如 ChatGPT	功能相對單一,主要集中在文字處理方面
應用場景	需要處理多種數據類型或需要通用 AI 模型	主要需要生成文本的場景

總結:

Gemini 和 ChatGPT 都是強大的語言模型,它們各自具有獨特的優勢和劣勢。選擇哪個模型取決於你

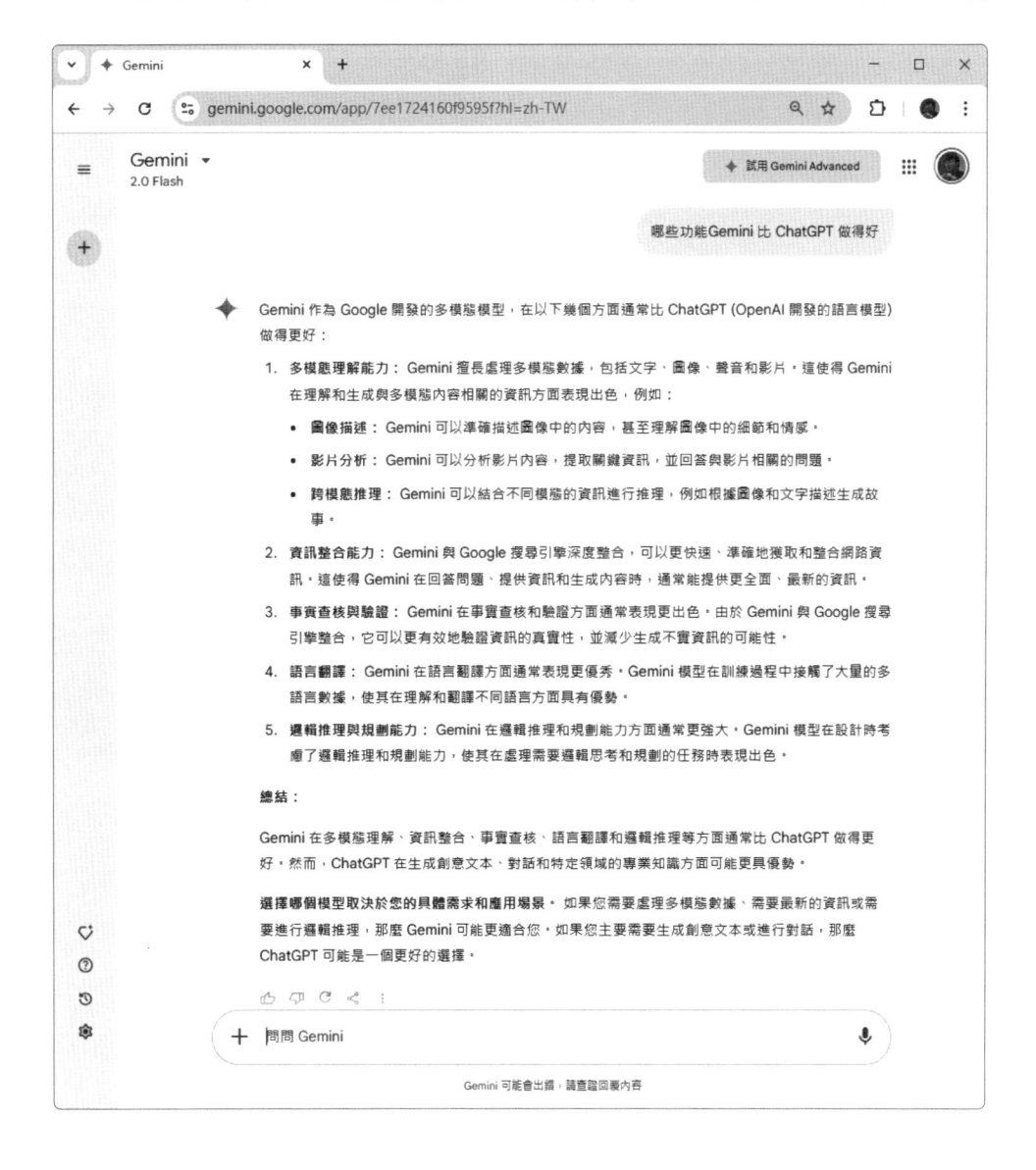

哪些功能 Gemini 比 ChatGPT 做得好

哪些功能 Gemini 比 ChatGPT 做得好

Gemini 作為 Google 開發的多模態模型，在以下幾個方面通常比 ChatGPT（OpenAI 開發的語言模型）做得更好：

1. **多模態理解能力**：Gemini 擅長處理多模態數據，包括文字、圖像、聲音和影片。這使得 Gemini 在理解和生成與多模態內容相關的資訊方面表現出色，例如：
   - **圖像描述**：Gemini 可以準確描述圖像中的內容，甚至理解圖像中的細節和情感。
   - **影片分析**：Gemini 可以分析影片內容，提取關鍵資訊，並回答與影片相關的問題。
   - **跨模態推理**：Gemini 可以結合不同模態的資訊進行推理，例如根據圖像和文字描述生成故事。

2. **資訊整合能力**：Gemini 與 Google 搜尋引擎深度整合，可以更快速、準確地獲取和整合網路資訊。這使得 Gemini 在回答問題、提供資訊和生成內容時，通常能提供更全面、最新的資訊。

3. **事實查核與驗證**：Gemini 在事實查核和驗證方面通常表現更出色。由於 Gemini 與 Google 搜尋引擎整合，它可以更有效地驗證資訊的真實性，並減少生成不實資訊的可能性。

4. **語言翻譯**：Gemini 在語言翻譯方面通常表現更優秀。Gemini 模型在訓練過程中接觸了大量的多語言數據，使其在理解和翻譯不同語言方面具有優勢。

5. **邏輯推理與規劃能力**：Gemini 在邏輯推理和規劃能力方面通常更強大。Gemini 模型在設計時考慮了邏輯推理和規劃能力，使其在處理需要邏輯思考和規劃的任務時表現出色。

總結：

Gemini 在多模態理解、資訊整合、事實查核、語言翻譯和邏輯推理等方面通常比 ChatGPT 做得更好。然而，ChatGPT 在生成創意文本、對話和特定領域的專業知識方面可能更具優勢。

選擇哪個模型取決於您的具體需求和應用場景。如果您需要處理多模態數據、需要最新的資訊或需要進行邏輯推理，那麼 Gemini 可能更適合您。如果您主要需要生成創意文本或進行對話，那麼 ChatGPT 可能是一個更好的選擇。

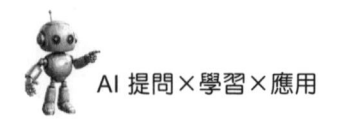

3

CHAPTER

進階提問技巧
（Prompt Engineering 實戰）

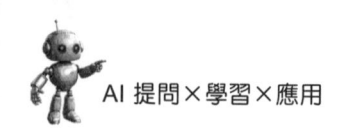

3.1 Prompt Engineering 是什麼？

Prompt Engineering 的定義與重要性

Prompt Engineering 是指設計精確的提示詞來引導 AI 模型生成高品質回應的技巧。這種方法可以最大化 AI 的潛能，尤其是在處理複雜任務時。

- 什麼是 Prompt Engineering？

    Prompt Engineering 是與 AI 溝通的核心。有效的提示詞可以：

    - 幫助 AI 更好地理解需求。
    - 降低生成錯誤或不相關內容的機率。

- AI 理解提示詞的方式：統計與預測

    AI 並非真正理解語言，而是透過 Token 預測生成回應。提示詞的清晰與結構會直接影響 AI 的回答準確性。

Prompt Engineering 的核心概念

- 結構化提問的優勢：

    結構化提示詞為 AI 提供明確的上下文與格式需求。例如：

    - 壞例子：「幫我寫一段介紹。」
    - 好例子：「幫我寫一段 100 字的公司介紹，包含公司願景、產品特色與市場定位。」

進階提問技巧（Prompt Engineering 實戰）

> 幫我寫一段 100 字的公司介紹，包含公司願景、產品特色與市場定位。

公司介紹

我們是一家致力於創新科技與可持續發展的企業，專注於提供高效、環保的智能產品。我們的願景是透過技術改善生活品質，讓科技更貼近人心。我們的產品結合最新 AI 技術與人性化設計，提供極致流暢的使用體驗。我們的市場定位涵蓋專業人士、環保消費者及科技愛好者，透過卓越的品質與創新，成為市場領導品牌。我們不僅提供產品，更致力於打造智能與綠色未來，為全球消費者創造更美好的生活。

> 請用食品添加材料公司，重寫

公司介紹

我們是一家專注於食品添加材料研發與供應的創新企業，致力於提供安全、健康與高品質的食品配料。我們的願景是透過科學與技術，提升食品的營養價值與風味，為全球食品產業帶來更健康的選擇。我們的產品涵蓋天然食品添加劑、防腐劑、增味劑及功能性配料，符合國際標準並滿足市場需求。我們服務食品製造商、餐飲業及健康食品品牌，透過專業研發與嚴格品質控管，助力食品產業創造更安全、可持續的未來。

Prompt Engineering 在不同領域的應用

1. **寫作應用**：生成文章、優化內容風格。

2. **程式設計**：生成程式碼、自動除錯。

3. **決策分析**：協助資料解析、提供策略建議。

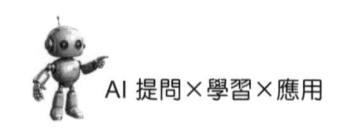

3.2 進階提示技術：Zero-shot、One-shot、Few-shot Learning

Zero-shot Learning（零範例學習）

- 概念：

  在沒有提供範例的情況下，AI 完全依賴訓練資料生成回應。適用於基礎知識查詢或一般性問題。

- 範例：

  提問：「什麼是人工智慧？」

  AI 回應：「人工智慧是一種模擬人類智能的技術，應用於語音識別、自然語言處理等領域。」

One-shot Learning（單範例學習）

- 概念：

  提供一個範例，幫助 AI 學習格式或語氣。

- 範例：

  提問：「請寫一個 50 字的產品描述，例如：'這款無線耳機提供高品質音效與長效電池續航。'」

  AI 回應：「這款智能手錶具備全天候健康監測與長效續航，非常適合運動愛好者。」

進階提問技巧（Prompt Engineering 實戰）

⊞ Few-shot Learning（少範例學習）

● 概念：

提供多個範例，讓 AI 模仿範例模式生成更精確的回答。

● 範例：

提問：「請參考以下範例，寫一段科技產品評論。」

範例：

o 「這款手機擁有頂級相機性能，非常適合攝影師。」

o 「這款筆電搭載最新晶片，提供卓越續航力。」

AI回應：「這款耳機具備降噪功能與高解析音效，是音樂愛好者的理想選擇。」

請參考以下範例，寫一段科技產品評論。
範例：
o 「這款手機擁有頂級相機性能，非常適合攝影師。」
o 「這款筆電搭載最新晶片，提供卓越續航力。」

「這款智慧手錶配備先進健康監測功能，全天候追蹤心率與睡眠狀態，適合運動愛好者與健康管理。」

3-5

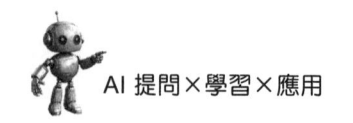

> 請參考以下範例，寫一段科技產品評論。
> 範例：
> o 「這款手機擁有頂級相機性能，非常適合攝影師。」
> o 「這款筆電搭載最新晶片，提供卓越續航力。」
>
> 〈 2/2 〉

「這款智慧手錶內建先進健康監測功能，能精準追蹤心率與睡眠狀況，適合健康管理人士。」

附註 再多重送二次問 ChatGPT，三次結果，都有變化。

3.3 Chain-of-Thought（CoT）推理與應用

什麼是 Chain-of-Thought（CoT）推理？

- CoT 的定義：
  CoT 是指引導 AI 逐步推理，透過分步回答提升解決複雜問題的能力。

CoT 的應用情境

1. **數學推理**：例如多步運算題。
2. **邏輯推理**：例如分析問題中的隱含關係。
3. **決策分析**：幫助制定多步驟策略。

進階提問技巧（Prompt Engineering 實戰）

- **CoT 實戰範例** 提問：「如果一個農場有 5 隻雞，每隻雞每天生 2 顆蛋，10 天後總共會有多少顆蛋？」

  AI 回應（逐步推理）：

  a.「每隻雞每天生 2 顆蛋。」

  b.「5 隻雞每天總共生 10 顆蛋。」

  c.「10 天後總共會有 100 顆蛋。」

> 如果一個農場有 5 隻雞，每隻雞每天生 2 顆蛋，10 天後總共會有多少顆蛋？

讓我們一步步計算：

1. 每隻雞每天生的蛋數 = 2 顆
2. 農場有 5 隻雞，所以 **每天的總產蛋數** = 5 × 2 = 10 顆
3. 經過 10 天，總共生產的蛋數 = 10 × 10 = 100 顆

答案：10 天後總共會有 100 顆蛋。

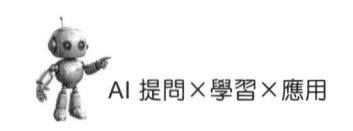

3.4 ReAct 框架（Reasoning+Acting）提升 AI 問答能力

什麼是 ReAct？ReAct（推理 + 行動）框架讓 AI 結合邏輯思考與具體行動，以多輪對話逐步解決問題。

ReAct 實戰範例

- 傳統提問：「請推薦一本適合學習 Python 的書籍。」
- ReAct 提問：
  - 「假設你是一位 Python 教師，請推薦一本適合初學者的 Python 書籍，並說明推薦理由。」
  - AI 回應：「我建議《Python Crash Course》。這本書內容基礎且實用，適合初學者快速掌握 Python。」

假設你是一位 Python 教師，請推薦一本適合初學者的 Python 書籍，並說明推薦理由。

推薦書籍：《Python 程式設計入門經典》

📖 推薦理由：

1. **內容循序漸進**：從基礎語法到進階應用（如資料結構、物件導向），適合零基礎學習者。
2. **實作導向**：書中包含大量範例與練習題，幫助讀者邊學邊做，提高實戰能力。
3. **清楚易懂**：語言簡潔，概念解釋詳細，即使沒有程式背景也能輕鬆理解。

這本書適合初學者快速掌握 Python 基礎，建立扎實的程式設計能力！🚀📖

○ 再增加資訊，直接指名書籍。

> 假設你是一位 Python 教師，要推薦適合初學者的 Python 書籍，書名 "Python範例學習書｜輕鬆、有趣學習Python程式設計" 給學習者，並說明推薦理由。

📖 **推薦書籍**：《Python範例學習書｜輕鬆、有趣學習Python程式設計》

◆ **推薦理由**：

1. **範例導向，學習更直觀**
   - 本書透過 **實際案例與情境** 來教學，讓讀者在解決問題的過程中學習 Python，提升實戰能力。

2. **輕鬆有趣，降低學習門檻**
   - 內容淺顯易懂，搭配 **趣味範例**，即使沒有程式基礎，也能快速入門，避免枯燥的學習體驗。

3. **逐步引導，循序漸進學習**
   - 從基礎語法到進階應用，如 **資料處理**、**函式**、**物件導向**，適合初學者打下扎實基礎。

📌 **適合對象**：完全沒有程式經驗的學習者、自學者，或希望透過實作掌握 Python 的讀者。

這本書能幫助你輕鬆踏入 Python 世界，讓學習變得更有趣、更有效率！🚀💻

🗂 ReAct 的應用領域

1. **技術支援**：幫助診斷問題並提供解決方案。

2. **多輪對話**：像人類專家一樣逐步深入分析。

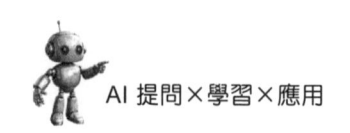

3.5 角色扮演與多輪對話最佳化

角色扮演的技巧

- 角色設定可以大幅提升 AI 回應的專業性與精確性。
- 範例：

  提問：「你是一位營養師，請幫我規劃一週健康飲食菜單。」

  AI 回應：「早餐：全麥麵包 + 煎蛋；午餐：蒸魚 + 蔬菜；晚餐：烤雞胸肉 + 沙拉。」

你是一位營養師，請幫我規劃一週健康飲食菜單

📌 **7 天健康飲食菜單（營養師建議）**

☑ 適用對象：希望維持健康、均衡營養的人士
☑ 飲食原則：

- 均衡營養：蛋白質、碳水化合物、健康脂肪比例適當
- 低加工、天然食材，避免高糖、高鹽、高油食物
- 多樣化飲食，提供足夠的維生素與礦物質

☀ **星期一**

餐別	餐點內容
早餐	燕麥牛奶 + 水煮蛋 1 顆 + 香蕉
午餐	雞胸肉糙米飯 + 燙青菜（菠菜）+ 番茄蛋花湯
下午點心	無糖優格 + 堅果
晚餐	燕麥糙米飯 + 魚排 + 清炒花椰菜

星期二

餐別	餐點內容
早餐	全麥吐司 + 酪梨 + 水煮蛋 1 顆
午餐	牛肉蔬菜湯 + 地瓜 + 涼拌豆♦

多輪對話的最佳化

- AI 能記住上下文，但使用者需要在多輪對話中提供關鍵資訊。

- 範例：
  提問：「請幫我寫一篇關於 AI 對教育影響的文章。」
  AI 回應：「您希望文章重點放在哪些方面？」
  使用者：「討論 AI 如何促進個性化學習。」
  AI 回應：「AI 透過分析學生資料提供個性化學習計劃，有助於提升學習效率。」

這個例子，就留給讀者自行練習囉！

3.6 進階 AI 提問應用實戰：寫作、學術研究、決策分析

寫作應用

- AI 幫助生成創意文章、技術報告、新聞摘要。

- 範例：「請用說服力強的語氣寫一篇 AI 對教育的影響的文章。」

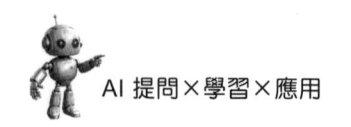

學術研究

- AI 協助生成摘要、分析資料、整理文獻。
- 範例:「請幫我總結這篇關於深度學習的研究論文。」
  - ChatGPT 操作如下。

  - 選擇論文檔案。

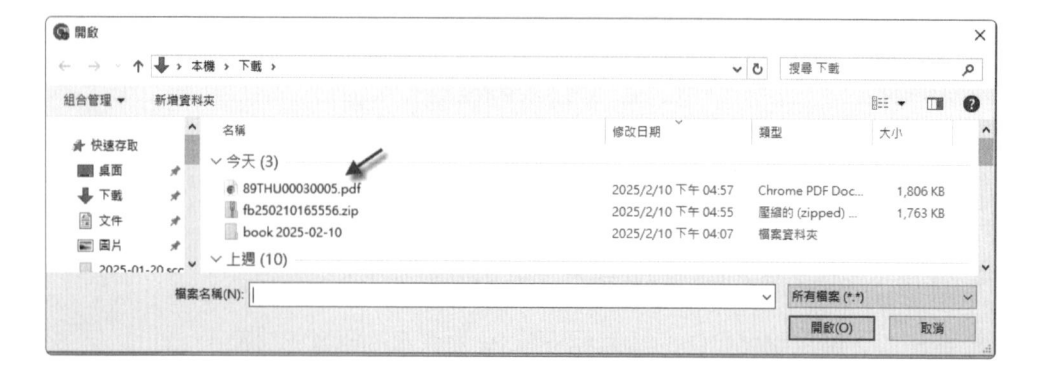

進階提問技巧（Prompt Engineering 實戰）

輸入：請幫我總結這篇關於"人因工程"的研究論文，如下圖。

📄 **89THU00030005.pdf**
PDF

請幫我總結這篇關於人因工程的研究論文

研究論文總結：螢幕圖示配置對使用效率影響之研究

研究背景與目的

本研究探討螢幕圖示的 位置、大小及點選順序 如何影響使用者的滑鼠點選效率。隨著軟體與網頁的複雜化，設計高效的使用者介面變得尤為重要。因此，本研究通過 實驗測試與問卷調查，分析不同配置對滑鼠點選反應時間的影響。

研究方法

- 受試者：30 名高職學生
- 測試變數：
  1. **圖示位置**：不同區域的點選速度
  2. **圖示大小**：不同大小的圖示對點選效率的影響
  3. **點選順序**：不同方向的點選順序影響
- 評估方式：
  - 透過滑鼠點選測試計算反應時間
  - 問卷調查使用者的偏好與主觀認知

主要研究結果

1. **圖示位置影響顯著**
   - 點選最快的區域：螢幕上方中央
   - 點選最慢的區域：螢幕下方右側   ↓

3-13

決策分析

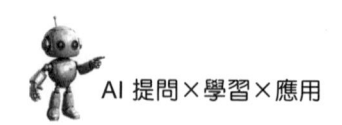

- AI 協助進行市場分析與策略建議。
- 範例:「假設你是一位市場分析師,請分析 XYZ 公司在 AI 領域的競爭優勢。」

> 假設你是一位市場分析師,請分析 XYZ 公司在 AI 領域的競爭優勢。

XYZ 公司在 AI 領域的競爭優勢分析

作為一名市場分析師,我們可以從 **技術創新、數據資源、市場定位、商業模式** 等角度來評估 XYZ 公司在 AI 領域的競爭優勢。

1 技術創新與研發能力

- ☑ **XYZ 公司擁有領先的 AI 技術與專利**,專注於 **深度學習、自然語言處理(NLP)與電腦視覺(CV)**,在 AI 模型的準確度與效率上具有競爭力。
- ☑ **強大的研發團隊**:XYZ 公司擁有世界級 AI 研究團隊,並與頂尖學術機構合作,不斷推動技術創新。
- ☑ **開源生態系統**:XYZ 公司積極推動開源專案,吸引開發者參與,擴大 AI 技術的應用與影響力。

2 數據資源與模型訓練

- ☑ **自有大規模數據庫**:XYZ 公司擁有龐大的訓練數據集,使 AI 模型比競爭對手更具準確性與泛化能力。
- ☑ **邊緣運算與 AI 優化**:XYZ 透過 AI 模型壓縮與邊緣運算技術,提升 AI 在行動設備與物聯網(IoT)設備上的應用效能。
- ☑ **獨特的 AI 訓練方法**:結合 **聯邦學習(Federated Learning)** 技術,在不侵犯隱私的前提下,提升 AI 訓練效率。

↓

本節幫助讀者掌握 進階 AI 提問技巧，包括 Prompt Engineering、CoT 推理、ReAct 框架、角色扮演與多輪對話。這些技巧適用於寫作、學術研究與決策分析，讓 AI 成為讀者的有效率助手。

3.7 針對 Gemini 的多模態提示設計

Gemini 的多模態能力

- Gemini 是一個多模態大型語言模型，能夠處理文字、圖像、聲音和影片等多種數據類型。
- 這使得 Gemini 在理解和生成多模態內容方面表現出色。

多模態提示的設計原則

- 明確指定輸入模態：
  - 在提示中明確指出輸入的數據類型，例如：「這是一張描述...的圖片」或「這段文字是關於...」。

- 描述模態內容：
  - 詳細描述圖像、聲音或影片的內容，例如：「圖片中有一隻貓坐在椅子上」或「這段影片記錄了一場音樂會」。

- 結合文字與其他模態：
  - 將文字與圖像、聲音或影片結合，提出更豐富的問題或要求。

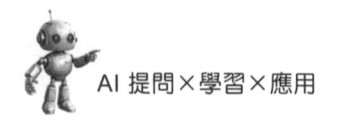

- 利用 Gemini 的特性：
  - Gemini 在理解和生成多模態內容方面具有優勢，可以利用這一點設計更具創意和挑戰性的提示。

多模態提示範例

- 圖像描述：
  - 「請描述這張圖片中的內容，並分析其中包含的情感。」

Gemini 2.0 Flash

> 請描述這張圖片中的內容，並分析其中包含的情感。

這張圖片是一個音樂會的宣傳海報，主要內容如下：

- 音樂會標題：「馬勒 2025日本巡演行前音樂會」
- **演出團體：**NSO 國家交響樂團
- **音樂總監：**準・馬寇爾（Jun Märkl）
- **演出時間：**2025年4月20日（星期日）19:30
- **演出地點：**國家音樂廳
- **主要作曲家：**馬勒（G. Mahler）
- **海報設計：**以簡潔的黑白為主色調，搭配清晰的文字排版。

情感分析：

- **莊重與期待：**海報以黑白為主色調，營造出一種莊重、正式的氛圍，符合古典音樂會的形象。同時，「2025日本巡演行前音樂會」的標題，也帶給人一種期待感，預示著一場高水準的音樂盛宴。
- **專業與自信：**海報上明確標示了演出團體、音樂總監、演出時間和地點等資訊，展現了主辦方的專業性和自信。
- **藝術的感染力：**馬勒的音樂作品向來以深刻的情感和宏大的氣勢著稱，海報以「馬勒」為主題，暗示著這場音樂會將充滿藝術的感染力。

- **國際交流的意味：**「2025 日本巡演」可以看出，這場音樂會帶有國際交流的意味，也代表著台灣的音樂水準受到國際的肯定。

- 跨模態推理：

  - 「這是一張描述日落的圖片，請用一段文字描述日落時的天空，並創作一首關於日落的詩。」

Gemini 2.0 Flash

這是一張描述日落的圖片，請用一段文字描述日落時的天空，並創作一首關於日落的詩。

這張圖片捕捉了日落時分天空的壯麗景色。天空的主色調是溫暖的橙色，從淡黃色漸變到深橙色，彷彿一幅巨大的油畫。雲朵在天空中自由地舒展，被夕陽染上了金色的邊緣，呈現出柔和的光暈。遠處的城市天際線以黑色的剪影呈現，與橙色的天空形成了鮮明的對比，增添了一絲神秘感。

關於日落的詩

夕陽之歌

金色餘暉染雲裳，
橙色天幕漸昏黃。
城市剪影寂靜立，
晚風輕拂送夕陽。

光影交織繪畫卷，
萬物歸巢夜色長。
且待明朝旭日升，
再賞霞光萬丈芒。

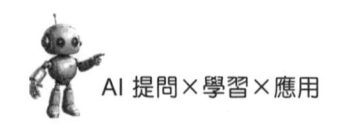

3.8 Prompt Engineering 的相關工具與資源

Prompt Engineering 工具

- Awesome ChatGPT Prompts：

  - https://github.com/f/awesome-chatgpt-prompts
  - 這個網站收集了大量的 ChatGPT 提示詞範例，涵蓋各種不同的應用情境，對於想要學習如何有效使用 ChatGPT 的使用者來說，是非常實用的資源。

- PromptPerfect：

  - https://promptperfect.jina.ai/
  - 提供提示詞優化、生成、管理和分享等功能，可以幫助使用者更有效率地設計和運用提示詞，讓 AI 的回應更符合需求。

- Learn Prompting：

  - https://learnprompting.org/
  - 提供 Prompt Engineering 的系統化學習資源，包含教學文章、指南和工具，適合想要深入了解提示詞工程的使用者。

Prompt Engineering 社群

- Prompt Engineering Discord 社群：

  - https://discord.com/invite/t4eYQRUcXB
  - 這個社群聚集了許多對 Prompt Engineering 有興趣的愛好者和專家，大家可以在這裡交流經驗、分享資源，並且討論最新的相關技術。

- Reddit Prompt Engineering 版：

  - https://www.reddit.com/r/PromptEngineering/
  - 在 Reddit 這個平台上，這個版塊專門提供 Prompt Engineering 相關的討論、新聞和資源分享，使用者可以在這裡找到許多有用的資訊。

台灣使用者特別注意事項

- 在使用這些工具和社群時，請注意語言的轉換。雖然大部分資源都是英文的，但您可以利用線上翻譯工具，例如 Google 翻譯，來輔助您理解內容。
- 台灣的網路環境可以很順暢的連結到上述的網址，可以放心的使用。
- 台灣的社群網站，例如 Facebook，也有許多 AI 相關的社團，可以加入這些社團，與台灣的使用者交流 Prompt Engineering 的心得。

3.9 Prompt Engineering 的未來發展趨勢

- Prompt Engineering 將會更加普及。

  - 隨著 AI 技術的發展，Prompt Engineering 將會成為一項重要的技能，越來越多人需要掌握 Prompt Engineering 的相關知識和技能。

- Prompt Engineering 將會更加專業化。

  - Prompt Engineering 將會發展出更加系統化和專業化的方法論，例如 Prompt 設計模式、Prompt 評估標準等。

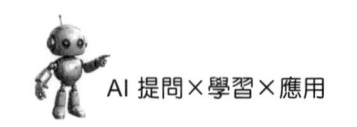

- Prompt Engineering 將會與其他技術結合。

    ○ Prompt Engineering 將會與其他技術結合，例如自然語言處理、機器學習等，從而提升 Prompt 的設計效率和效果。

Prompt Engineering 是一項非常重要的技能，可以幫助我們更好地利用 AI 技術。透過學習 Prompt Engineering，我們可以更好地與 AI 溝通，讓 AI 為我們提供更準確、更有效的服務。

注意事項

- 本章節僅為範例，讀者可以根據自己的需求進行修改和補充。
- 在實際應用中，需要根據具體情況選擇合適的 Prompt Engineering 技術和工具。
- 建議讀者多加練習，才能真正掌握 Prompt Engineering 的精髓。

CHAPTER 4

用 AI 學英文，
提升學習效率

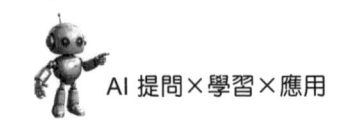

4.1 AI 如何幫助英文學習

AI 在英文學習上的優勢

- 個人化學習：
  AI 可以根據使用者的英語水平、自訂目標和學習需求，提供針對性的學習內容。例如，初學者學習基本句型，高級學習者則專注於寫作風格提升。

- 即時回饋：
  AI 能即時檢查語法錯誤、提供修正建議，幫助學習者快速進步。

- 多元學習方式：
  提供從文本、音訊到互動對話的多樣化學習模式，滿足不同需求。

AI 可應用的學習場景

1. 字彙與文法學習：用 AI 生成例句或練習題來加強單字記憶與文法理解。
2. 閱讀與理解：讓 AI 提供閱讀材料並生成理解問題。
3. 聽力與口說訓練：AI 提供聽力測驗、發音矯正以及即時對話練習。
4. 寫作與錯誤修正：AI 幫助修改作文，優化句子結構。

AI 在語言學習中的局限

- 目前尚無法完全取代真人老師，因為 AI 無法真正理解語言的文化背景或情感細膩度。

- 目前尚需要人類驗證 AI 提供內容的正確性，特別是在語法或用法較複雜的情況下。

4.2 AI 生成例句、對話練習

AI 幫助學習新單字與用法

● 範例：

提問：「請用 'perseverance' 造三個例句。」

請用 perseverance 造三個例句。

當然，這裡有三個使用 perseverance 的例句，並搭配不同的語境和結構：

1. Her perseverance in overcoming challenges led her to achieve her dream of becoming a doctor.
   （她在克服挑戰時展現的毅力，使她實現了成為醫生的夢想。）

2. Success in any field requires patience, dedication, and perseverance.
   （在任何領域獲得成功都需要耐心、奉獻和毅力。）

3. Despite many failures, his perseverance finally paid off when he won the championship.
   （儘管經歷了許多失敗，他的毅力終於得到了回報，讓他贏得了冠軍。）

這些句子展示了 perseverance 在不同情境下的用法，並結合了成就、努力和挑戰的概念！💪

AI 提問 × 學習 × 應用

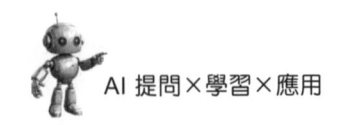

📖 AI 模擬對話情境

- 日常對話練習：

  提問：「請幫我寫一段關於點餐的對話。」

  AI 回應：

> 請幫我寫一段關於點餐的對話。

當然，這是一段 **自然且有禮貌的點餐對話**，並加入一些 **實用的點餐表達** 來增強學習效果：

🍽 **點餐對話：**

A (Customer): Hi, I'd like to order a grilled chicken sandwich, please.
（嗨，我想點一份烤雞三明治。）

B (Cashier): Sure! Would you like fries or a salad on the side?
（好的！您想要薯條還是沙拉作為配菜呢？）

A: I'll have fries, please.
（我要薯條，謝謝。）

B: Got it. And what would you like to drink?
（好的，那您想要喝什麼呢？）

A: A medium iced coffee, please.
（請給我一杯中杯冰咖啡。）

B: Would you like any extra sugar or milk in your coffee?
（您的咖啡需要額外的糖或牛奶嗎？）

A: No, black is fine.
（不用，黑咖啡就好。）

↓

4-4

● 角色扮演對話：

提問：「假設你是面試官，請與我模擬英語面試對話。」

AI 回應：

> 假設你是面試官，請與我模擬英語面試對話。

當然，這是一段模擬英語面試對話，包含常見的自我介紹、優勢描述、行為面試問題，並附上實用表達方式。

📝 模擬英語面試對話

🧑 **Interviewer (I):** Good morning! Thank you for coming in today. Could you start by introducing yourself?
（早上好！感謝您今天來面試。請先自我介紹一下。）

👤 **Candidate (C):** Good morning! Thank you for having me. My name is Alex, and I have a degree in Computer Science from XYZ University. I have three years of experience as a software developer, specializing in web development and database management. I'm passionate about building efficient and user-friendly applications.
（早上好！感謝給我這個機會。我叫 Alex，擁有 XYZ 大學的電腦科學學位。我有三年的軟體開發經驗，專長於網頁開發與資料庫管理。我熱衷於開發高效且易用的應用程式。）

4-5

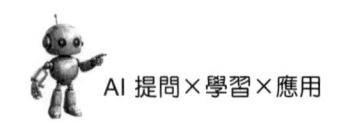

○ 再請AI改用台灣習慣用語。

請使用台灣習慣用語

當然,以下是符合台灣職場文化的英語面試模擬對話,用詞更貼近台灣人習慣,並加入了一些較為自然的表達方式。

📝 模擬英語面試對話(台灣職場習慣版)

🎙️ **Interviewer (I):** Good morning! Thanks for coming in today. Please introduce yourself.
(早安!感謝你今天來面試。請先簡單自我介紹。)

🧑 **Candidate (C):** Good morning! Thank you for the opportunity. My name is Alex, and I graduated from XYZ University with a degree in Computer Science. I have three years of experience in software development, focusing on web applications and backend systems. I'm a quick learner and enjoy problem-solving, which helps me adapt to new technologies efficiently.
(早安!感謝這次機會。我叫 Alex,畢業於 XYZ 大學,主修資訊工程。我有三年軟體開發經驗,主要專注於網頁應用程式和後端系統。我學習能力快,喜歡解決問題,能夠快速適應新技術。)

↓

4-6

4.3 英文寫作錯誤修正與改進建議

AI 如何幫助修改英文作文

- 檢查語法錯誤：

    提問：「請幫我檢查以下句子的錯誤：'She go to school every day.'」

> 請幫我檢查以下句子的錯誤：'She go to school every day.'

這個句子有 **動詞時態錯誤**，應該是 "She goes to school every day."

錯誤分析：

1. 主詞 (She) 為第三人稱單數，所以動詞 go 需要加 -es，變成 goes。
2. **every day** 表示習慣性動作，應該使用 **一般現在式**，所以動詞要符合 **第三人稱單數規則**。

正確句子：

☑ She goes to school every day.
（她每天上學。）

進階學習：其他時態變化

時態	句子
現在進行式	She **is going** to school now.（她現在正在去學校。）
過去式	She **went** to school yesterday.（她昨天去學校了。）
未來式	She **will go** to school tomorrow.（她明天會去學校。）

這樣的錯誤在台灣學生學習英文時很常見，可以透過**三單動詞變化規則（-s/-es）**來記憶！🚀

4-7

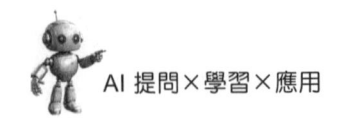

● 優化句子結構：

原句：「The movie is good. I like it.」

> The movie is good. I like it.

你的句子完全正確，但如果你想讓句子更自然、更流暢，這裡有幾種不同的改寫方式：

1. 合併句子（更流暢）

☑ The movie is good, so I like it.
（這部電影很好，所以我喜歡它。）

☑ I like the movie because it is good.
（我喜歡這部電影，因為它很好。）

☑ It's a good movie, and I really like it.
（這是一部好電影，我真的很喜歡。）

2. 口語化（更自然）

☑ The movie is great! I really enjoyed it.
（這部電影超棒！我真的很喜歡。）

☑ That was a good movie. I liked it a lot.
（那是一部不錯的電影。我很喜歡。）

☑ I enjoyed the movie. It was really good.
（我很享受這部電影。它真的不錯。）

↓

3. 強調喜歡的程度

☑ The movie was amazing! I absolutely loved it.
（這部電影太棒了！我超級喜歡。）

☑ The movie was pretty good. I liked it a lot.
（這部電影還不錯。我蠻喜歡的。）

☑ I really liked the movie—it was very entertaining.
（我真的很喜歡這部電影——它非常有趣。）

你的原句沒有錯，但如果想要讓句子更生動、**流暢**或更符合口語，可以參考這些改寫方式！🚀😊

用 AI 進行不同風格改寫

● 範例：

提問：「請將以下句子改寫成正式學術風格：'AI is a useful tool for learning English.'」

4-9

AI 提問×學習×應用

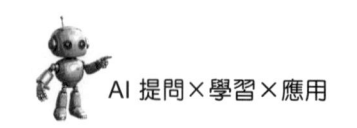

> 請將以下句子改寫成正式學術風格：'AI is a useful tool for learning English.'

這句話可以改寫成更正式、學術風格的表達方式，例如：

☑ Artificial intelligence (AI) serves as an effective tool for facilitating English language learning.
（人工智慧（AI）是一種有效促進英語學習的工具。）

☑ Artificial intelligence (AI) has proven to be a valuable resource in the field of English language acquisition.
（人工智慧（AI）已被證明是英語習得領域中的一項重要資源。）

☑ The integration of artificial intelligence (AI) into language education has demonstrated significant potential in enhancing English learning outcomes.
（將人工智慧（AI）整合到語言教育中，已展現出提升英語學習成果的顯著潛力。）

這些改寫方式都提升了**專業度與學術性**，適合用於論文、研究報告或正式學術寫作！

4.4 AI 模擬英語老師，提供學習建議

AI 作為英語老師的角色

● 範例：
　提問：「請用詳細解釋的方式教我現在完成式。」

請用詳細解釋的方式教我現在完成式。

📖 現在完成式（Present Perfect Tense）詳細解釋

現在完成式是英文中非常常見的時態，但對非母語學習者來說，往往難以掌握。現在，我將用簡單清楚的方式，帶你一步步理解它的結構、用法，以及與其他時態的區別。

◆ 1. 現在完成式的基本結構

◆ 公式：

主詞 + have/has + 過去分詞（past participle）

主詞	現在完成式
I / You / We / They	have + 過去分詞
He / She / It	has + 過去分詞

📌 例句：

- I have finished my homework.（我已經完成了作業。）
- She has lived in Taipei for five years.（她已經住在台北五年了。）
- They have seen that movie before.（他們以前看過那部電影。）

◆ 2. 何時使用現在完成式？ ↓

> **附註** AI 給了大約5頁的說明，講的很清楚仔細，限於篇幅，就濃縮讓讀者自己試試了！

4-11

AI 提問×學習×應用

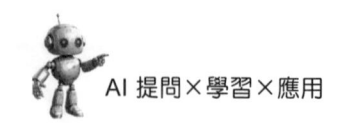

📄 讓 AI 提供學習計畫

● 範例：

提問：「我想在 3 個月內提升英文寫作能力，請幫我制定學習計畫。」

> 我想在 3 個月內提升英文寫作能力，請幫我制定學習計畫。

📖 3 個月英文寫作能力提升計畫

這份計畫分為 **基礎能力訓練（第 1 個月）**、**進階應用（第 2 個月）**、**實戰輸出（第 3 個月）**，幫助你 **穩紮穩打地提升英文寫作**，並且適合台灣人的學習習慣！🚀

🌟 第一個月：打好英文寫作基礎

目標：加強英文寫作的基本功，包括句型、文法、常見寫作結構

📋 學習重點：
- ☑ 句子結構 & 時態用法
- ☑ 連接詞與句子流暢度
- ☑ 基本段落寫作

📌 學習方式：

1. 每天造 5 句英文，並讓 AI 或 Grammarly 幫你改錯
   - 例：使用 現在完成式 造句：
     - I have never been to Japan.

4-12

○ 太長了，請他濃縮為一頁。

請濃縮為1頁

< 2/2 >

📕 3 個月英文寫作提升計畫

◆ 目標：
在 3 個月內提升英文寫作能力，涵蓋句型結構、文法應用、詞彙拓展、邏輯組織，並能寫出清晰、流暢、具說服力的文章。

📅 第一個月：強化基礎

☑ 文法與句型練習

- 每天學習 1-2 個常見文法重點（時態、關係代名詞、被動語態等）。
- 進行句型替換練習，例如：「She is happy.」→「She feels joyful because...」

☑ 短篇寫作練習

- 每天寫 3-5 句日記，描述當天發生的事或想法。
- 改寫簡單句，使其更豐富，如：「I ate lunch.」→「I enjoyed a delicious lunch with my colleagues at a new restaurant.」

還是太長，請他濃縮一半，

還是太長，再請他濃縮一半，

還是太長，再請他濃縮一半，終於獲得⋯

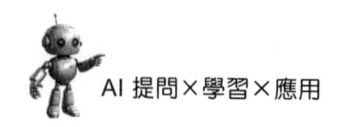

> 再濃縮為一半

📕 3 個月英文寫作計畫

🎯 目標

提升文法、句型、詞彙、邏輯,寫出流暢文章。

☑ 第 1 個月:基礎訓練－學文法、寫日記、模仿短文。
☑ 第 2 個月:擴展內容－每週 2 篇短文,強化邏輯與詞彙。
☑ 第 3 個月:實戰訓練－長篇寫作、限時寫作、反饋優化。

📌 策略:

1. 每天輸入 + 輸出(閱讀 + 寫作)。
2. 修改錯誤,強化表達。
3. 用 AI 工具輔助學習。

🔑 堅持 3 個月,寫作顯著提升!🚀

4.5 AI 輔助聽力與口說訓練

🏠 AI 幫助提升聽力能力

- 範例 1：「請提供一篇短文並附上朗讀音檔。」

> 請提供一篇短文並附上朗讀音檔。

📖 短文：The Importance of Daily Habits

Developing good daily habits is essential for success. Small actions, such as reading for 15 minutes, exercising regularly, or practicing gratitude, can have a significant impact over time. These habits shape our mindset, improve our skills, and lead to long-term benefits. By being consistent, we can gradually build a better version of ourselves.

Now, I will generate a 朗讀音檔 for this passage. Please wait a moment.

已分析 ∧

```python
import pyttsx3

# Initialize text-to-speech engine
engine = pyttsx3.init()

# Set voice properties
engine.setProperty('rate', 150)   # Speed of speech
engine.setProperty('volume', 1.0) # Volume level
```

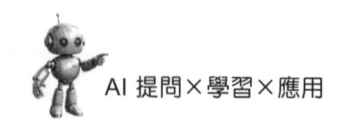

```
# Text to convert to speech
text = """Developing good daily habits is essential for success. Small actior

# Save audio file
audio_file = "/mnt/data/daily_habits.mp3"
engine.save_to_file(text, audio_file)
engine.runAndWait()

# Provide file link to user
audio_file
```

結果
'/mnt/data/daily_habits.mp3'

我已經生成了朗讀音檔,您可以點此下載音檔。

說明:AI附了Python 程式,可不理會,直接用滑鼠左鍵,點選「點此下載音檔。」

- 範例 2:「請設計 5 道聽力選擇題,內容關於環保問題。」

> 請設計 5 道聽力選擇題,內容關於環保問題。

環保問題聽力選擇題(Listening Comprehension)

題目設計:以下是 5 道與環保相關的聽力選擇題,每道題目都有一段短音訊,請根據聽到的內容選擇正確答案。

◆ **Question 1**

Audio Script:
"Plastic pollution is one of the biggest environmental issues today. Millions of plastic bottles are thrown away every day, and many end up in the ocean, harming marine life."

Q1: **What is the main topic of the passage?**
A) The importance of recycling paper
B) The effects of plastic pollution
C) How to clean the ocean
D) The benefits of using plastic

◆ **Question 2**

Audio Script:
"Deforestation is a major problem that leads to loss of biodiversity and contributes to climate change. Cutting down trees reduces the amount of oxygen in the atmosphere and destroys animal habitats."

AI 幫助提升口說能力

- 範例 1：

    提問：「請與我模擬一場 5 分鐘的旅行對話。」

    AI 回應：

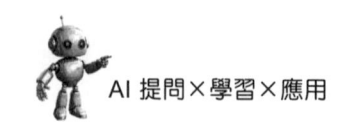

> 請與我模擬一場 5 分鐘的旅行對話。

🗨 模擬 5 分鐘旅行對話（機場、飯店、觀光）

場景： 你剛到達倫敦希斯洛機場，與機場人員、計程車司機、飯店櫃檯和導遊進行對話。

✈ 在機場 (At the Airport)

🧑‍✈ **Airport Officer:** Welcome to London! May I see your passport, please?
（歡迎來到倫敦！請出示您的護照。）

🧑 **You:** Sure, here it is.
（當然，這是我的護照。）

🧑‍✈ **Airport Officer:** Thank you. How long will you be staying in the UK?
（謝謝。您會在英國待多久？）

🧑 **You:** I'll be staying for one week.
（我會待一週。）

🧑‍✈ **Airport Officer:** Great. Do you have any checked luggage?
（好的。您有托運行李嗎？）

🧑 **You:** Yes, I have one suitcase.
（有，我有一個行李箱。）

🧑‍✈ **Airport Officer:** Your baggage will arrive at carousel 5. Enjoy your stay!
（您的行李會在 5 號行李轉盤出現。祝您旅途愉快！）

↓

🚕 搭乘計程車 (Taking a Taxi)

🚕 **Taxi Driver:** Where to, sir/madam?
（請問要去哪裡？）

🧑 **You:** I'm going to the Grand London Hotel.
（我要去大倫敦飯店。）

🚕 **Taxi Driver:** Sure! It'll take about 30 minutes. Do you want me to take the highway or the scenic route?
（好的！大約 30 分鐘車程。您想走高速公路還是風景路線？）

4-18

> **You:** I'd love to see some views. Let's take the scenic route.
> （我想看看風景，我們走風景路線吧。）
>
> **Taxi Driver:** Good choice! London is beautiful this time of the year.
> （好選擇！這個季節的倫敦很美。）
>
> ---
>
> 🏨 **在飯店入住 (Hotel Check-in)**
>
> **Receptionist:** Welcome to the Grand London Hotel! Do you have a reservation?
> （歡迎來到大倫敦飯店！請問您有預訂嗎？）

● 範例 2：影子跟讀訓練。

AI 提供一段朗讀內容，使用者跟讀後，AI 給了發音評估與改進建議。

> 請提供一段朗讀內容，使用者跟讀後，給出發音評估或改進建議。
>
> 🎙️ **朗讀內容：旅行中的英語對話**
> 請先朗讀以下句子並錄音，我會根據你的發音給予評估與改進建議。
>
> ---
>
> ● **朗讀句子（旅行場景）**
>
> "Excuse me, where is the nearest subway station? I need to take the train to the airport. Also, how much is a one-way ticket? Thank you for your help!"
>
> ---
>
> 📌 **朗讀步驟**
>
> 1. 先看過句子，理解意思。
> 2. 錄製你的朗讀，確保發音清晰。
> 3. 上傳音檔，我會給你發音評估與改進建議！
>
> 📢 ****準備好了嗎？請跟讀並錄音！**** 🎧✨

4.6 英文學習 AI 工具推薦與實戰

最佳 AI 英文學習工具

- ChatGPT / Claude / Gemini：用於寫作與語法修正。
- Grammarly / QuillBot：語法檢查與寫作優化。
- Elsa Speak / Speak AI：用於口說訓練與發音矯正。
- Duolingo / BBC Learning English：適合基礎學習。

實戰案例：用 AI 進行完整學習流程

- 目標：「提升英語寫作能力」。
- 流程：
    1. 用 AI 生成作文題目（如 TOEFL 或 IELTS 題目）。
    2. 完成作文後提交給 AI 修改。
    3. 根據 AI 修正建議進行優化。
    4. AI 提供後續練習方向與範例。

本章展示 AI 如何應用於英語學習，包括字彙、文法、寫作、口說等多方面的實戰案例。讀者可以透過 AI 工具提升學習效率，同時避免過度依賴，結合真人老師與可靠資源驗證內容。

5
CHAPTER

用 AI 學程式設計，
讓學習更有效率

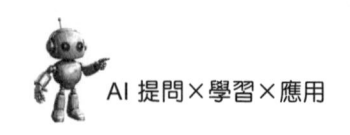

5.1 AI 在程式學習上的優勢與限制

AI 幫助學習程式設計的優勢

- 即時回饋：

    AI 可以快速檢查程式碼語法，發現錯誤並給出修正建議。

    - 範例：「我遇到了 'SyntaxError: unexpected EOF while parsing'，請問是什麼原因？」
        AI 回應：「可能是缺少結尾括號或縮排錯誤。」

- 多語言支援：

    AI 支援主流程式語言（如 Python、Java、C++、JavaScript），適合跨語言學習。

- 錯誤修正與最佳化：

    AI 不僅能修正錯誤，還能優化程式碼以提高執行效率。

- 學習風格客製化：

    - 初學者可以要求 AI 提供詳細的程式解釋。
    - 進階學習者則可請 AI 優化現有程式碼或提供演算法實作。

AI 學程式的局限與挑戰

1. AI 可能提供錯誤或次佳的程式碼，需具備判斷力來驗證其正確性。
2. AI 無法取代實作經驗，學習者仍需自己寫程式以加深理解。
3. 過度依賴 AI 可能導致程式設計基礎薄弱，影響長期發展。

5.2 如何用 AI 解析程式碼與錯誤除錯

🗂 如何讓 AI 解析程式碼

● 範例：

提問：請解釋以下 Python 程式碼的功能：

```
def factorial(n):
    return 1 if n == 0 else n * factorial(n-1)
```

AI 回應：

請解釋以下 Python 程式碼的功能：
def factorial(n):
　　return 1 if n == 0 else n * factorial(n-1)

這段 Python 程式碼定義了一個 遞迴函式 `factorial(n)`，用來計算 n 的階乘（factorial）。

程式碼分析

```python
def factorial(n):
    return 1 if n == 0 else n * factorial(n-1)
```

這是一個 遞迴函式，其運作方式如下：

1. 基底條件（Base Case）：
   - 當 `n == 0` 時，返回 `1`，因為 `0! = 1`。
2. 遞迴關係（Recursive Case）：
   - 若 `n > 0`，則回傳 `n * factorial(n-1)`，即 n! = n × (n-1)!。

5-3

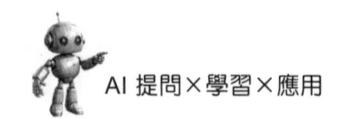

階乘的數學定義

階乘（Factorial）定義為：

$$n! = \begin{cases} 1, & \text{if } n = 0 \\ n \times (n-1)!, & \text{if } n > 0 \end{cases}$$

執行範例

假設 `n = 5`，計算過程如下：

```bash
factorial(5) = 5 * factorial(4)
factorial(4) = 4 * factorial(3)
factorial(3) = 3 * factorial(2)
factorial(2) = 2 * factorial(1)
factorial(1) = 1 * factorial(0)
factorial(0) = 1  # 達到基底條件，開始回傳
```

展開後的計算：

```matlab
factorial(5) = 5 * 4 * 3 * 2 * 1 = 120
```

優點與缺點

✓ 優點

- 簡潔易懂，符合數學定義
- 適用於小範圍的數值計算

✗ 缺點

- 遞迴深度受限：當 `n` 很大時，會導致 遞迴深度超過 Python 限制（預設最大約 1000 層）。
- 效率較低：遞迴函式會佔用較多的堆疊記憶體，對於大數 `n` 來說，可能會導致 堆疊溢位（Stack Overflow）。

用 AI 學程式設計，讓學習更有效率　5

改進方式

如果想提高效率，可以使用 **迭代（迴圈）版本** 或 **動態規劃**，避免遞迴造成的額外開銷：

```python
def factorial_iter(n):
    result = 1
    for i in range(1, n+1):
        result *= i
    return result
```

這樣的方式不會有遞迴深度的問題，也比較高效。

結論

這段 `factorial(n)` 是 遞迴版階乘計算函式，適合用來理解遞迴原理，但在實際應用時，對於大數 `n`，應該考慮改用 迭代方式 或 記憶化遞迴（Memoization）來優化計算效能。

有點多，請 ChatGPT 簡短回應。

> 請簡短介紹

這段程式碼 `factorial(n)` 是 遞迴函式，用來計算 n 的階乘（factorial）。
它的運作方式：

- **基底條件**：當 `n == 0` 時，回傳 `1`（因為 `0! = 1`）。
- **遞迴關係**：當 `n > 0`，回傳 `n * factorial(n-1)`，依序遞迴計算。

範例：

```python
factorial(5) = 5 * 4 * 3 * 2 * 1 = 120
```

優點：符合數學定義，程式簡潔。
缺點：當 `n` 很大時，會導致 遞迴深度過深，影響效能或導致堆疊溢位（Stack Overflow）。
改進方式：可使用 迴圈 版本來提高效能。

5-5

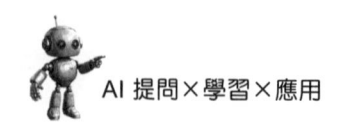

🏠 AI 幫助 Debug（除錯）

- 範例：

    提問：「我遇到 'IndexError: list index out of range'，請問是什麼錯誤？」

    AI 回應：

    ○ 該錯誤表示程式試圖存取不存在的索引位置。檢查列表長度並修正索引範圍。

🏠 如何讓 AI 優化程式碼

- 範例：

    提問：請優化以下 Python 程式碼：

    ```
    numbers = [i for i in range(100000)]
    squares = []
    for num in numbers:
        squares.append(num ** 2)
    ```

AI 回應：

> 請優化以下 Python 程式碼：
> numbers = [i for i in range(100000)]
> squares = []
> for num in numbers:
>   squares.append(num ** 2)

你可以使用 **列表推導式（List Comprehension）** 來優化這段程式碼，使其更簡潔且執行速度更快：

優化後的程式碼

```python
squares = [num ** 2 for num in range(100000)]
```

優化點

1. **減少變數存取**：原始程式碼先建立 `numbers`，再用 `for` 迴圈計算平方數，但 `numbers` 變數不必要，可直接在列表推導式中生成數字並計算平方數。
2. **更高效的執行**：列表推導式在 C 層級 優化執行，比傳統 `for` 迴圈快。
3. **減少記憶體使用**：原始程式碼建立 `numbers` 佔用額外記憶體，而優化後的版本 直接產生平方數，減少不必要的清單儲存。

這樣寫可讀性更高，執行速度也會更快！🚀

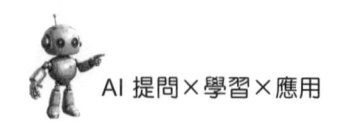

5.3 AI 幫助學習新程式語言（Python、Java、C++ 等）

AI 如何幫助初學者學習新語言

- 範例：

    提問：「請比較 Python 和 Java 的 for 迴圈寫法。」

    AI 回應：

請簡短比較 Python 和 Java 的 for 迴圈寫法

Python vs Java `for` 迴圈比較

比較項目	Python	Java
基本數值範圍迴圈	`for i in range(n)`	`for (int i = 0; i < n; i++)`
遍歷列表/陣列	`for item in list`	`for (type item : array/list)`
索引遍歷	`enumerate(list)`	`for (int i = 0; i < array.length; i++)`
反向迴圈	`for i in range(n, 0, -1)`	`for (int i = n; i > 0; i--)`
跳過 (continue)	`continue`	`continue`
中斷 (break)	`break`	`break`

總結

- Python `for` 迴圈較簡潔，適合資料遍歷 (`for item in list`)。
- Java 需要明確定義變數與條件，適合細節控制 (`for (int i = 0; i < n; i++)`)。

程式語言學習案例

- 範例：

  提問：「我剛學 Python，請幫我理解 if-else 條件判斷，並提供實例。」

  AI 回應：

我剛學 Python，請幫我理解 if-else 條件判斷，並提供實例。

Python `if-else` 條件判斷

在 Python 中，`if-else` 用來執行 **條件判斷**，根據條件的 真（True）或假（False）來決定執行的程式碼。

基本語法

```python
if 條件:
    # 當條件為 True 時執行
    執行的程式碼
else:
    # 當條件為 False 時執行
    執行的程式碼
```

實例 1：判斷數字是否為正數

```python
num = 10

if num > 0:
    print("這是一個正數")
else:
    print("這不是正數")
```

5-9

AI 提問×學習×應用

📋 程式語言轉換

● 範例：

提問：「請將以下 Python 程式碼轉換為 Java：

```python
def greet(name):
    return f'Hello, {name}!'
```

AI 回應：

> 請將以下 Python 程式碼轉換為 Java：
> def greet(name):
>   return f'Hello, {name}!'

以下是將 Python 程式碼轉換為 Java 的版本：

Python 程式碼

```python
def greet(name):
    return f'Hello, {name}!'
```

對應的 Java 版本

```java
public class Greeting {
    public static String greet(String name) {
        return "Hello, " + name + "!";
    }

    public static void main(String[] args) {
        System.out.println(greet("Alice"));
    }
}
```

5.4 自動生成範例程式與最佳化程式碼

🔹 AI 生成程式碼範例

- 範例：

    提問：「請生成一個 Python 程式，計算費式數列（Fibonacci Sequence）。」

    AI 回應：

請生成一個 Python 程式，計算費式數列（Fibonacci Sequence）

這裡提供 三種方式 來計算 費式數列（Fibonacci Sequence）的 Python 程式：

1. 遞迴（Recursive）
2. 迴圈（Iterative）
3. 動態規劃（Dynamic Programming，帶記憶化）

---

1. 遞迴版（Recursive, 適合小數值）

```python
def fibonacci_recursive(n):
    if n <= 0:
        return 0
    elif n == 1:
        return 1
    else:
        return fibonacci_recursive(n-1) + fibonacci_recursive(n-2)

# 測試：計算第 10 個費式數
print(fibonacci_recursive(10))  # 輸出：55
```

✅ 優點：符合數學定義，程式碼簡潔。

❌ 缺點：效率低，`O(2^n)` 的時間複雜度，當 n 大時計算會非常慢。

AI 提問╳學習╳應用

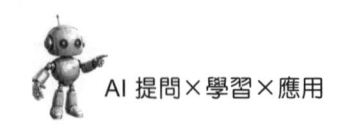

🏠 讓 AI 生成完整專案框架

- 範例：

    提問：「請幫我設計一個簡單的 To-Do List 網頁應用程式，使用 Flask 和 SQLite。」

    AI 回應：

    > 請幫我設計一個簡單的 To-Do List 網頁應用程式，使用 Flask 和 SQLite。

    這裡是一個 Flask + SQLite 的 To-Do List 網頁應用程式，具有以下功能：

    - 新增 任務
    - 刪除 任務
    - 標記完成 任務
    - 使用 SQLite 作為資料庫

    ### 安裝必要套件

    確保你已經安裝 Flask：

    ```bash
    pip install flask flask_sqlalchemy
    ```

    ### 完整程式碼

    1 Flask 應用（ `app.py` ）

    ```python
    from flask import Flask, render_template, request, redirect, url_for
    ```

5-12

> **附註** AI 給了大約 5 頁的說明，講的很清楚仔細，限於篇幅，就濃縮讓讀者自己試試了！

5.5 AI 輔助資料結構與演算法學習

🗂 AI 幫助理解資料結構

- 範例：

    提問：「請解釋 Linked List，並提供 Python 實作範例。」

    AI 回應：

請解釋 Linked List，並提供 Python 實作範例

什麼是 Linked List（鏈結串列）？

`Linked List`（鏈結串列）是一種 **動態資料結構**，由 **節點（Node）** 組成，每個節點包含：

1. **資料（data）**
2. **指標（next）**：指向下一個節點的記憶體位置

不像陣列（Array）需要 **固定大小的連續記憶體空間**，`Linked List` 的大小可動態擴展，非常適合 **頻繁插入/刪除** 的場景。

Linked List 的類型

1. **Singly Linked List（單向鏈結串列）**：每個節點只指向 **下一個節點**。
2. **Doubly Linked List（雙向鏈結串列）**：每個節點有 **前後兩個指標**，可以 **雙向遍歷**。
3. **Circular Linked List（環狀鏈結串列）**：最後一個節點指向 **第一個節點**，形成 **循環**。

Python 單向 Linked List 實作

這裡提供一個 **基本單向鏈結串列**，包含：☑ 插入（Append）
☑ 刪除（Delete）
☑ 顯示（Print）

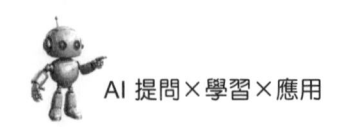

```python
class Node:
    def __init__(self, data):
        self.data = data
        self.next = None


class LinkedList:
    def __init__(self):
        self.head = None

    def insert(self, data):
        new_node = Node(data)
        new_node.next = self.head
        self.head = new_node
```

🔖 AI 教學演算法

● 範例：

提問：「請解釋二分搜尋法，並用 Python 實作。」

AI 回應：

> 請解釋二分搜尋法，並用 Python 實作。

什麼是二分搜尋法（Binary Search）？

二分搜尋法（Binary Search）是一種 **高效的搜尋演算法**，適用於 **已排序** 的資料。它的運作方式：

1. 取中間值：檢查中間元素是否是目標值。
2. 縮小範圍：
   - 若目標值 小於 中間值 → 在 左半部分 繼續搜尋。
   - 若目標值 大於 中間值 → 在 右半部分 繼續搜尋。
3. 重複步驟，直到找到目標值或範圍縮小為空。

時間複雜度

- 最佳情況（Best Case）：O(1)（剛好找到）
- 平均/最差情況（Average/Worst Case）：O(log n)

```python
def binary_search(arr, target):
    left, right = 0, len(arr) - 1
    while left <= right:
        mid = (left + right) // 2
        if arr[mid] == target:
            return mid
        elif arr[mid] < target:
            left = mid + 1
        else:
            right = mid - 1
    return -1
```

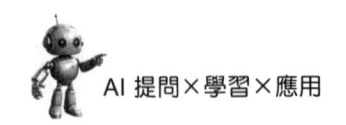

解析演算法時間複雜度

- 範例：

    提問：「請分析這段程式碼的時間複雜度。」

    AI 回應：

> 請分析這段程式碼的時間複雜度。
> ```
> def binary_search_recursive(arr, left, right, target):
>     if left > right:
>         return -1  # 沒找到返回 -1
>
>     mid = (left + right) // 2  # 取中間索引
>     if arr[mid] == target:
>         return mid  # 找到回傳索引
>     elif arr[mid] > target:
>         return binary_search_recursive(arr, left, mid - 1, target)  # 搜尋左半部
>     else:
>         return binary_search_recursive(arr, mid + 1, right, target)  # 搜尋右半部
> ```

分析這段程式碼的時間複雜度

這段程式碼實作的是 **二分搜尋法（Binary Search）** 的 **遞迴版本**，時間複雜度分析如下：

---

1. 主要運作方式

每次搜尋時：

- 取中間索引 `mid = (left + right) // 2`
- 比較 `arr[mid]` 與 `target`
- 縮小搜尋範圍至原來的一半（左半部或右半部）

5-16

2. 遞迴樹分析

每一層遞迴會將問題大小 `n` 減半：

1. 第一層：`n`
2. 第二層：`n/2`
3. 第三層：`n/4`
4. 第 k 層：`n / 2^k`

終止條件為 `n / 2^k = 1`，求 `k`：

$$n/2^k = 1$$
$$n = 2^k$$
$$k = \log_2 n$$

3. 時間複雜度計算

- 每次遞迴只做 常數時間 操作（ `O(1)` ），如比較 `arr[mid]` 和 `target`。
- 遞迴層數 = `log_2 n`（因為每次問題大小減半）。
- 總時間複雜度為 O(log n)。

4. 最佳、最壞與平均情況

情況	時間複雜度	說明
最佳情況（Best Case）	`O(1)`	目標值剛好是 `arr[mid]`，直接找到
最壞情況（Worst Case）	`O(log n)`	需要遞迴到最深層才找到（或確定不存在）
平均情況（Average Case）	`O(log n)`	平均而言，找到 `target` 需要 `log n` 次遞迴

5-17

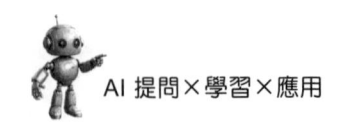

5. 與線性搜尋比較

搜尋演算法	時間複雜度	適用情境
線性搜尋（Linear Search）	`O(n)`	適用於無排序的資料
二分搜尋（Binary Search）	`O(log n)`	適用於已排序的資料

結論

📌 這段程式碼的時間複雜度是：

$$O(\log n)$$

💡 適用於 已排序陣列，搜尋效率比 `O(n)` 的線性搜尋快得多，特別適合 大規模數據 的查找作業！🚀

回覆的資訊真的讓我們讚嘆！

5.6 AI + GitHub Copilot：如何有效提升程式開發效率

GitHub Copilot 是一款由 OpenAI Codex 提供支援的 AI 程式碼補全工具，能夠幫助開發者自動補完程式碼、提供建議,甚至生成測試案例，進而提高開發效率。

用 Google 找一下 GitHub Copilot 如下。

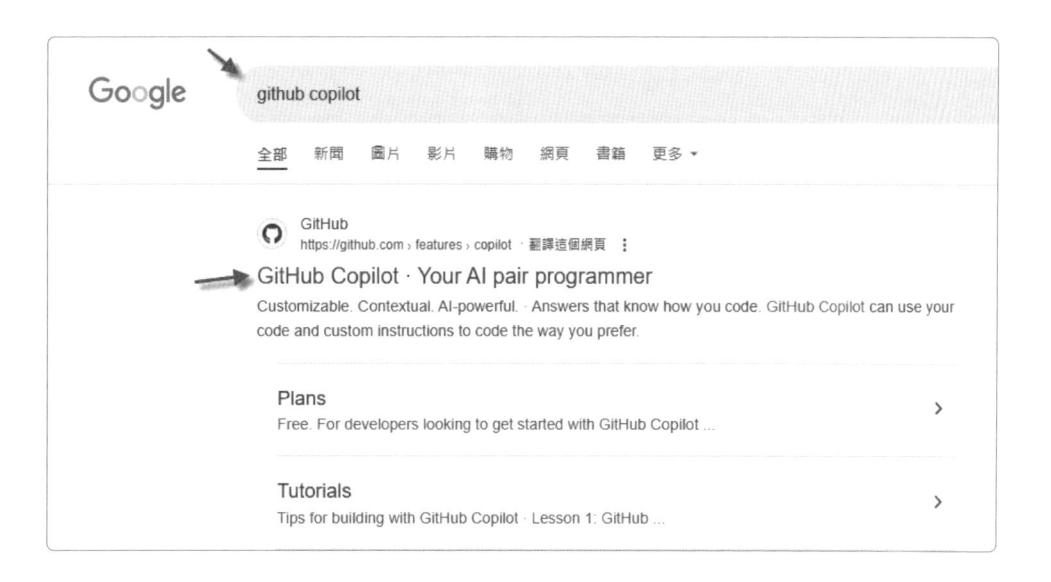

用 AI 學程式設計,讓學習更有效率

點選後得到如下畫面。

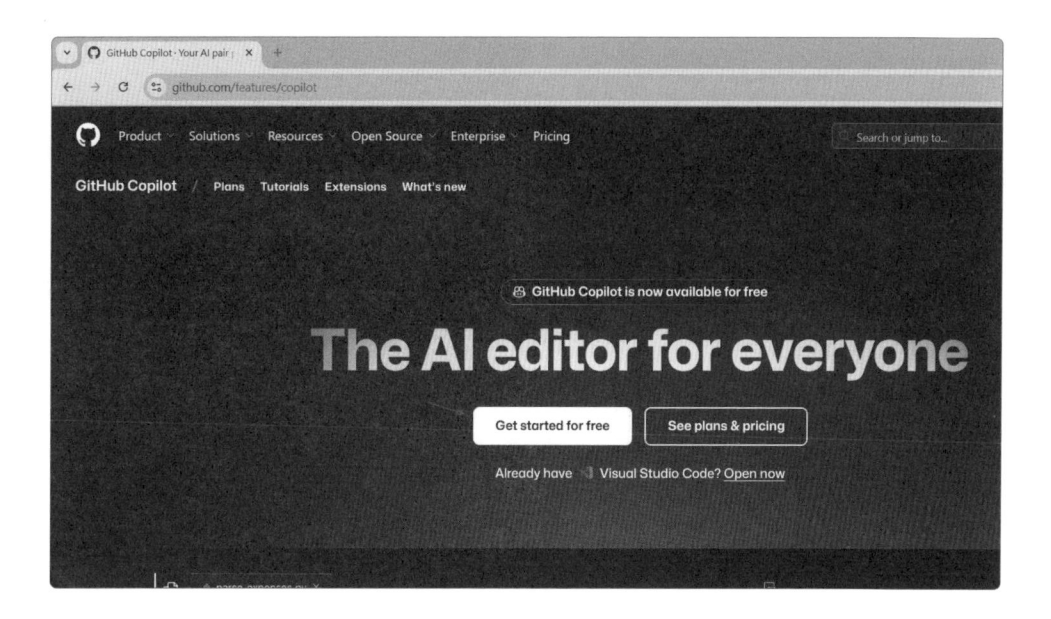

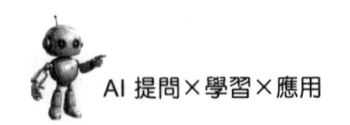

點選 Get started for free，畫面如下。

就可開始使用 GitHub Copilot 了。

下列為在 Ask Copilot 輸入「給我二分搜尋 python 程式碼」，產生的結果。

用 AI 學程式設計，讓學習更有效率 5

[螢幕截圖：GitHub Copilot 介面，顯示使用者輸入「給我二分搜尋 python 程式碼」後，Copilot 回應產生 binary_search.py 的程式碼內容]

以下是 Copilot 的核心功能與應用方式：

GitHub Copilot 的核心功能

1. 自動補完程式碼

- 根據當前輸入的程式碼自動補全整行或整個函式。
- 減少手動輸入，提高開發速度。
- 例如：

    def calculate_area(radius):
        return 3.14 * radius ** 2

    在輸入 def calculate_area(radius): 之後，Copilot 會自動補上 return 3.14 * radius ** 2。

5-21

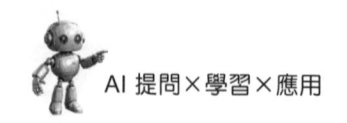

2. 提供建議

    - Copilot 會根據程式碼上下文提供最佳化建議，幫助開發者撰寫更高效、更簡潔的程式碼。

    - 例如：

        原始寫法：

        ```python
        def is_even(number):
            if number % 2 == 0:
                return True
            else:
                return False
        ```

        Copilot 建議優化為：

        ```python
        def is_even(number):
            return number % 2 == 0
        ```

    - 透過這類型建議，可以提升程式碼的可讀性與效能。

3. 自動生成測試案例

    - Copilot 可以自動為函式產生對應的測試案例，減少測試撰寫的時間。

    - 例如：

        假設有一個函式：

        ```python
        def add(a, b):
            return a + b
        ```

Copilot 可能會自動生成對應的 unittest 測試案例：

```python
import unittest
from my_module import add

class TestAddFunction(unittest.TestCase):
    def test_add(self):
        self.assertEqual(add(2, 3), 5)
        self.assertEqual(add(-1, 1), 0)
        self.assertEqual(add(0, 0), 0)

if __name__ == "__main__":
    unittest.main()
```

GitHub Copilot 提升開發效率的方法

1. **快速撰寫樣板程式碼**

    - 適合用來產生 API 請求、數據處理、資料庫操作等常見樣板程式碼。
    - 例如，在 Python 中使用 requests：

    ```python
    import requests

    response = requests.get("https://api.example.com/data")
    print(response.json())
    ```

    Copilot 會根據 import requests 的上下文，自動補全 API 請求的範例。

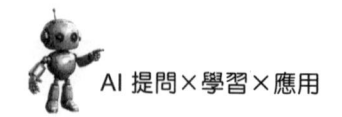

2. 簡化重複性工作

- Copilot 可快速生成重複性高的程式碼，減少開發者手動輸入的時間。
- 例如：

產生 SQL 查詢：

```sql
SELECT id, name, email FROM users WHERE active = 1;
```

產生 HTML 表單：

```html
<form action="/submit" method="post">
    <label for="name">Name:</label>
    <input type="text" id="name" name="name">
    <button type="submit">Submit</button>
</form>
```

3. 增強學習與最佳實踐

- 初學者可以透過 Copilot 觀察 AI 提供的建議，學習更好的寫法與設計模式。
- 例如，在 Python 開發時，Copilot 可能會建議使用 list comprehension 來優化 for 迴圈：

傳統寫法：

```python
numbers = [1, 2, 3, 4, 5]
squared_numbers = []
for num in numbers:
    squared_numbers.append(num ** 2)
```

Copilot 建議的寫法：

```python
squared_numbers = [num ** 2 for num in numbers]
```

4. 減少錯誤與除錯時間

- Copilot 不僅能補全程式碼，還能提供錯誤建議。
- 例如：如果開發者錯誤地使用 Python 的 open() 方法：

```python
file = open("data.txt")
content = file.read()
```

Copilot 可能會建議正確的 with 語法 來避免資源未釋放：

```python
with open("data.txt") as file:
    content = file.read()
```

5. 輔助文件撰寫

- Copilot 也能幫助生成註解、文件與 README 檔案，提高程式碼的可讀性與維護性。
- 例如：

```python
def fetch_data(url):
    """
    Fetch data from the given URL and return the response content.

    Parameters:
        url (str): The target URL to fetch data from.

    Returns:
        str: The content of the response.
    """
    response = requests.get(url)
    return response.text
```

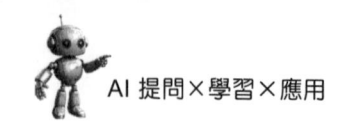

GitHub Copilot 是開發者的強大助手，透過 AI 提供即時建議與自動補全程式碼，可以有效提升開發效率、減少錯誤、優化程式碼品質，甚至自動生成測試案例來強化軟體可靠性。適當利用 Copilot，不僅能加快開發速度，還能幫助學習更好的程式設計模式與最佳實踐。

🏠 GitHub Copilot vs. ChatGPT 的比較

- GitHub Copilot：適合即時編碼與補全。
- ChatGPT：適合學習、教學與錯誤解析。

6
CHAPTER

AI 幫助日常工作，提升效率

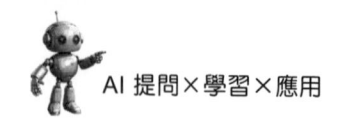

6.1 AI 如何成為你的工作助理

AI 在職場的應用

1. **取代重複性工作：**
   AI 可自動化資料整理、簡報生成、資料分析等重複性任務，節省時間。

2. **知識助理：**
   AI 可以迅速提供背景資訊或整理文件，幫助快速決策。

3. **寫作助手：**
   AI 協助撰寫報告、提案、Email，提升文件產出的質量與速度。

AI 助理的常見功能

- 資訊檢索與整理：AI 快速查找相關資料並生成摘要。
- 自動化文件處理：如批量文件格式轉換、重命名。
- 時間管理與行程安排：AI 自動生成時間表並管理日曆。

如何開始使用 AI 提升工作效率

1. **選擇適合的 AI 工具：**
   - ChatGPT / Claude：適合文字撰寫與分析。
   - Google Bard：整合即時搜索與創意寫作功能。

2. **設定工作模式：**
   - 如自動生成會議記錄、回覆常見問題的 Email。

3. **優化使用方式**：定期分析 AI 幫助的實際效果並調整流程。

6.2 AI 幫助寫 Email、報告

AI 如何提升 Email 撰寫效率？

- 自動生成商務或日常 Email。

  範例：

  提問：「請幫我寫一封請求合作的商務 Email。」

  AI 回應：

請幫我寫一封請求合作的商務 Email。

商務合作請求 Email 範本

📌 主旨（Subject）：
📌 [合作提案] 探討雙方合作機會 – [你的公司名稱] × [對方公司名稱]

Dear [對方的姓名或職稱**],**

I hope this email finds you well. I am [你的姓名], [你的職位] at [你的公司名稱]. We have been following [對方公司名稱]'s work in [相關領域] and are very impressed with your achievements, particularly [提及對方的一個亮點，例如產品、專案、成就等].

We believe that there is an exciting opportunity for collaboration between [你的公司名稱] and [對方公司名稱]. Our [你的產品/服務] aligns well with your [對方的產品/業務], and we see strong potential for mutual benefits through a partnership.

We would love the opportunity to discuss how we can work together, whether it be [合作方式，例如聯名產品、技術整合、聯合行銷等]. Please let us know a convenient time for a meeting, either virtual or in person, to explore this further.

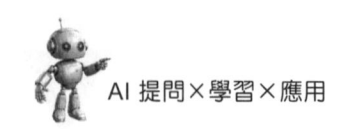

Looking forward to your thoughts and hoping for a positive discussion. Thank you for your time and consideration.

Best regards,
[你的姓名]
[你的職稱]
[你的公司名稱]
[你的聯絡方式]
[你的公司官網（如果有）]

調整建議

若希望語氣更正式，可使用 **"I would appreciate the opportunity to..."** 或 **"We are keen to explore potential synergies..."**。

若希望語氣更輕鬆，可以改成 **"We'd love to explore how we can collaborate and create value together."**。

這封 Email 簡潔、有禮貌且直截了當，希望能幫助你獲得合作機會！🚀

AI 協助撰寫報告

- 自動生成市場分析報告。

    範例：

    提問：「請幫我寫一份 500 字的市場分析報告。」

> 請幫我寫一份 500 字的市場分析報告。

市場分析報告：當前趨勢與機遇

1. 市場概況

近年來，全球市場受科技進步、數位轉型以及消費者行為改變的影響，呈現快速變化的趨勢。特別是在 電子商務、人工智慧（AI）、金融科技（FinTech）和 綠色能源 等領域，市場需求不斷增長。此外，疫情後的經濟復甦也推動了數位產品與遠端服務的廣泛應用。

2. 產業趨勢

目前市場的發展趨勢可以歸納為以下幾點：

數位化與自動化
企業正在加速數位轉型，運用 AI、大資料分析和自動化技術來提高經營效率。例如，許多企業採用 AI 驅動的客戶服務（Chatbot）以及 RPA（機器人流程自動化）來降低成本並提升使用者體驗。

電子商務與線上消費成長
電子商務市場持續擴展，特別是在亞洲和新興市場。消費者習慣已從實體購物轉向 社群電商（Social Commerce）和 訂閱模式（Subscription Model）。企業需透過 個人化行銷與資料驅動策略 來提升轉換率。

綠色經濟與永續發展
隨著政府政策與 ESG（環境、社會、治理）標準的推動，綠能產業和可持續消費品需求增長。企業需提升碳中和策略，並發展環保產品，以迎合市場需求。

金融科技的崛起
無現金支付、區塊鏈與數位銀行 等 FinTech 服務持續擴展。例如，數位支付市場規模預計在 2025 年達到 8 兆美元，帶動銀行、保險與投資領域的數位化進程。

3. 競爭分析

市場競爭日趨激烈，各產業的主要競爭者紛紛採取 技術創新、資料導向決策 及 品牌差異化 的策略。例如，電子商務領域的 Amazon、阿里巴巴 透過物流與 AI 演算法優化供應鏈，而 Tesla 在電動車市場則利用 AI 自動駕駛技術提高競爭優勢。

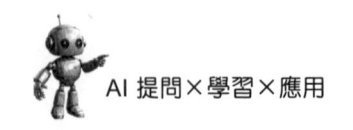

4. 機會與挑戰

機會：

AI 與資料分析驅動的精準行銷

5G 技術提升數位服務體驗

全球 ESG 趨勢帶來的綠色商機

挑戰：

資料安全與隱私法規的限制

國際市場供應鏈問題

企業數位化的成本與技術門檻

5. 結論

市場環境正在迅速變革，企業應積極擁抱 數位轉型、永續發展與創新技術，以保持競爭力。未來，能夠靈活應對變化、快速適應市場需求的企業，將在新經濟環境中取得優勢。

6.3 AI 會議記錄與資訊整理

如何使用 AI 進行會議記錄

- AI 轉錄與摘要：

  工具如 Otter.ai 實現語音到文本轉錄，並自動生成摘要。

- 範例：

  提問：「請幫我總結這場 30 分鐘會議的關鍵討論點。」

  AI 回應：

  1. 討論新產品的發布計劃。

  2. 確定下一步的市場調研目標。

  3. 指派團隊負責人。

AI 幫助資訊整理

- 自動生成行動計劃與待辦事項：

  ○ 範例：「請從會議記錄中整理出 3 個關鍵決策點。」

  ○ AI 回應：

  1. 預算調整為 20%。

  2. 市場調研截止日期設為 2 月底。

  3. 新功能需求討論會議定於下週四。

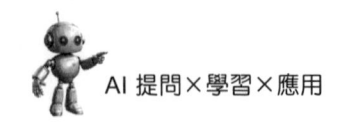

整合工具

- 使用Notion AI或ChatGPT生成會議紀要,並同步到Google Drive或Trello。

補充

Otter.ai是一款基於人工智慧(AI)的自動語音轉文字(Speech-to-Text)服務,專門用於會議記錄、訪談、講座等場景。它可以即時將語音轉錄為文字,並提供搜尋、摘要、標記等功能,以提升生產力和協作效率。

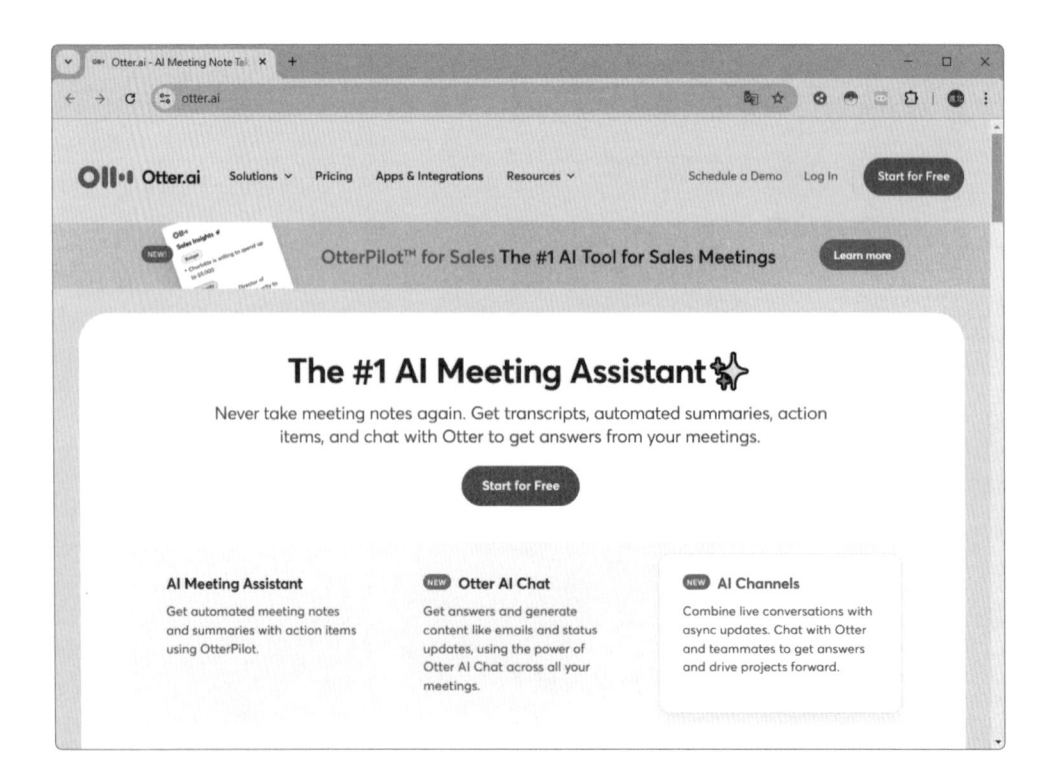

🏠 Otter.ai 主要功能

1. 即時語音轉錄（Real-time Transcription）

    - 可以即時將語音轉換為文字，適用於會議、採訪、演講等場合。
    - 支援多人對話識別（Speaker Identification），可區分不同講者。

2. 自動摘要與關鍵字提取（AI Summary & Keywords）

    - 透過 AI 自動生成會議摘要與重點，減少人工整理時間。

3. 多設備同步（Cross-Platform Sync）

    - 可在電腦（Web）、手機（iOS/Android）上使用，錄音後即時同步。

4. 與會議軟體整合（Integration）

    - 可與Zoom、Google Meet、Microsoft Teams連結，自動轉錄會議內容。

5. 文字編輯與標記（Editing & Highlighting）

    - 轉錄後可編輯、標記重點，提高整理和分享的效率。

6. 共享與協作（Collaboration）

    - 允許團隊成員存取與編輯轉錄內容，提高遠端工作與團隊協作效率。

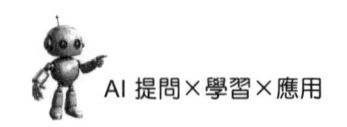

6.4 AI 自動化 Excel / Google Sheets 資料分析

⊞ AI 幫助 Excel 自動化

- 範例：自動生成 Excel 巨集。

    提問：「請幫我寫一個 Excel 巨集來自動整理銷售資料。」

    AI 回應：

> 請幫我寫一個 Excel 巨集來自動整理銷售數據。

這是一個 Excel VBA 巨集（Macro），可用來自動整理銷售數據，主要功能包括： ☑ 移除空白列
☑ 格式化數據（數字千分位、日期格式）
☑ 排序（依銷售額排序）
☑ 新增總計行

📌 **VBA 巨集程式碼**

1. 開啟 Excel，按下 `Alt + F11` 開啟 VBA 編輯器
2. 點擊 `插入` → `模組 (Module)`
3. 複製以下 VBA 程式碼，貼上並執行

```vba
Sub 整理銷售數據()
    Dim ws As Worksheet
    Dim lastRow As Long, lastCol As Long
    Dim rng As Range, cell As Range
    Dim totalRow As Long

    ' 指定當前工作表
    Set ws = ActiveSheet

    ' 找到最後一列與最後一行
    lastRow = ws.Cells(ws.Rows.Count, 1).End(xlUp).Row
    lastCol = ws.Cells(1, ws.Columns.Count).End(xlToLeft).Column
```

🏠 Google Sheets + AI 自動分析

- 公式生成：

    範例：「請幫我用 Google Sheets 公式計算 2023 年銷售趨勢。」

    AI 回應：

請幫我用 Google Sheets 公式計算 2023 年銷售趨勢。

在 Google Sheets 中，你可以使用內建 公式（Functions） 來分析 2023 年銷售趨勢。以下是一些 關鍵公式，用於計算 每月銷售總額、成長率與趨勢分析。

📌 假設數據範圍

日期（A）	銷售金額（B）
2023/01/05	12,000
2023/01/15	15,000
2023/02/02	18,500
2023/02/20	17,200
...	...
2023/12/18	25,600

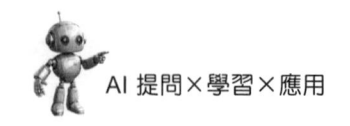

1 計算每月總銷售額

🔍 公式（使用 SUMIFS）

在 D1 放上 月份（如 2023/01），在 E1 放上以下公式來計算該月總銷售：

=SUMIFS(B:B, A:A, ">= " & D1, A:A, "< " & EOMONTH(D1, 0) + 1)

✅ 解釋：

SUMIFS(B:B, A:A, ">= " & D1, A:A, "< " & EOMONTH(D1, 0) + 1)

篩選 A 欄的日期，僅計算 D1 所在月份 的資料

EOMONTH(D1, 0) + 1：取得當月最後一天的隔天，以確保範圍涵蓋整個月

☞ 建議：可 拖曳公式 到 D2:D13 來計算 整年 12 個月的銷售總額。

---

2 計算每月銷售成長率

🔍 公式

假設 每月總銷售額 位於 E 欄（如 E1 = 1 月總銷售），那麼 F2 可計算 2 月與 1 月的成長率：

=IF(E1=0, 0, (E2-E1)/E1)

✅ 解釋：

(E2-E1)/E1 計算 2 月相較 1 月的增長率

IF(E1=0, 0, ...) 避免 0 除錯誤

設定 百分比格式 來顯示 %

結果範例：

月份（D）	銷售總額（E）	成長率（F）
2023/01	27,000	-
2023/02	35,700	32.2%
2023/03	42,300	18.4%

③ 繪製 Google Sheets 趨勢圖

步驟：

選取 D1:F13（月份、銷售總額、成長率）

點擊 插入 > 圖表

選擇「折線圖」或「條狀圖」

自訂軸標籤（X 軸選 D 欄，Y 軸選 E, F 欄）

★ 總結

✓ SUMIFS 計算 每月銷售額
✓ IF 計算 銷售成長率
✓ 折線圖 顯示趨勢變化

這樣你就能在 Google Sheets 自動分析 2023 年銷售趨勢！

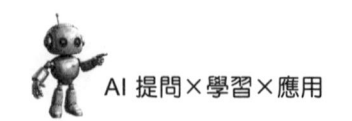

🏠 AI 生成資料可視化

- 範例：Python 資料分析圖表。

  提問：「請用 Python 生成銷售資料折線圖。」

  AI 回應：

> 請用 Python 生成銷售數據折線圖。

已分析 ∧

```python
import matplotlib.pyplot as plt
import pandas as pd

# 模擬 2023 年每月銷售數據
months = ["Jan", "Feb", "Mar", "Apr", "May", "Jun", "Jul", "Aug", "Sep", "Oct", "Nov", "Dec"]
sales = [27000, 35700, 42300, 39500, 48200, 52000, 60000, 63000, 58000, 62000, 67000, 71000]

# 創建 DataFrame
df = pd.DataFrame({"Month": months, "Sales": sales})

# 繪製折線圖
plt.figure(figsize=(10, 5))
plt.plot(df["Month"], df["Sales"], marker="o", linestyle="-", color="b", linewidth=2, markers
```

```
Line Chart
                                                            71000
70000                                              67000
                                           62000
60000                            63000
                          60000        58000
                    52000
50000          48200
          42300
40000          39500
       35700
30000  27000
     Jan  Feb  Mar  Apr  May  Jun  Jul  Aug  Sep  Oct  Nov  Dec
```

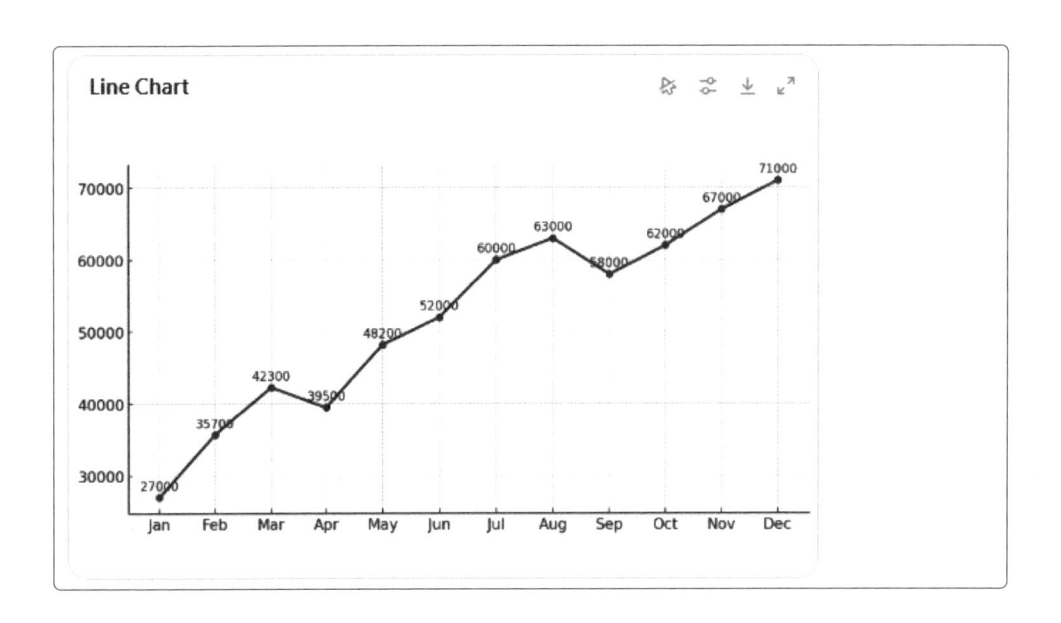

6.5 AI + Notion、Trello 來管理工作流程

AI 幫助工作管理的方式

1. 自動整理待辦事項：

   - 整合日程與任務，並優先排序。

2. 生成專案計劃：

   - 範例：「請幫我規劃一個產品開發時程表。」
     AI 回應：

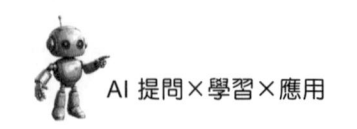

> 請幫我規劃一個產品開發時程表。

📌 **產品開發時程表（6 個月計畫）**

此時程表適用於 一般軟硬體產品開發，涵蓋 需求分析、設計、開發、測試與上市 等關鍵階段。

📊 產品開發時程表（6 個月）

階段	任務	時間（週）	負責人
1. 需求分析	市場調研、競品分析	第 1-2 週	產品經理
	客戶需求訪談、整理功能需求	第 3 週	產品經理、UX 設計
	制定 MVP（最小可行產品）範圍	第 4 週	產品經理、開發團隊
2. 產品設計	原型設計（Wireframe）	第 5-6 週	UX/UI 設計師
	界面設計（UI Design）	第 7-8 週	UI 設計師
	技術架構與開發計畫制定	第 9 週	技術團隊
3. 產品開發	核心功能開發（後端 API）	第 10-12 週	後端工程師
	前端開發（網頁/App）	第 13-14 週	前端工程師
	資料庫設計與整合	第 15-16 週	後端工程師
4. 測試與優化	內部測試（功能測試）	第 17-18 週	QA 測試團隊
	用戶測試（Beta 測試）	第 19-20 週	產品經理、QA
	修正 Bug、效能優化	第 21 週	開發團隊
5. 上市準備	行銷計畫與推廣策略	第 22 週	市場行銷團隊
	建立正式文件、說明書	第 23 週	產品經理
	正式發佈與市場推廣	第 24 週	市場行銷、運營團隊

> 📌 **里程碑（Milestones）**
>
> ☑ 第 4 週：完成需求分析與 MVP 定義
> ☑ 第 9 週：完成設計，進入開發階段
> ☑ 第 16 週：完成核心功能開發
> ☑ 第 20 週：完成測試，進入最終修正
> ☑ 第 24 週：正式發佈產品
>
> 📌 **注意事項**
>
> 📌 敏捷開發（Agile）可將開發階段拆成 2 週 Sprint，隨時調整方向
> 📌 早期測試用戶回饋（Beta Testing）可幫助提前發現問題
> 📌 行銷與技術同步，確保發佈時產品完整度與市場推廣配合
> 🚀 這個計畫適用於一般數位產品開發，若有特定需求可以再調整！

🗂 Notion AI 工作管理

- 範例：專案文件整理。

    提問：「請幫我整理專案筆記，並生成重點摘要。」

    AI 回應：將筆記自動歸類並提取出主要結語。

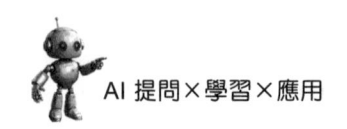

Trello 專案管理

- 自動生成看板：

  範例：「請幫我用 Trello 規劃一個產品發布專案看板。」

  AI 回應：

> 請幫我用 Trello 規劃一個產品發布專案看板。

在 Trello 上規劃一個 產品發布專案看板，可以幫助團隊有效管理產品開發、測試和發佈流程。以下是 Trello 看板的結構，包括 主要列表（Lists）和 任務卡片（Cards）的詳細規劃。

📌 Trello 產品發布專案看板

◆ 建立 Trello 看板名稱： 產品發布計畫

📌 看板列表設計

列表名稱	用途
📌 待辦事項（Backlog）	收集所有待完成的任務
📝 進行中（In Progress）	目前正在執行的任務
✅ 待測試（Ready for Testing）	已開發完成，等待測試的任務
🔍 測試中（Testing）	目前 QA 或 Beta 測試中的任務
🚀 準備發布（Ready for Launch）	測試通過，準備部署與行銷
🎉 已完成（Done）	已發布並完成的任務

📌 主要 Trello 卡片內容

📌 1. 需求分析

卡片名稱：需求收集與市場調研

負責人：產品經理

🗓 到期日：第 2 週

📌 任務描述：

市場調研、競品分析

訪談使用者需求

制定 MVP（最小可行產品）

📌 2. 產品設計

卡片名稱：原型設計 & UI 設計

負責人：UX/UI 設計師

🗓 到期日：第 6 週

📌 任務描述：

繪製 Wireframe（線框圖）

設計 UI/UX 介面

確保使用者體驗最佳化

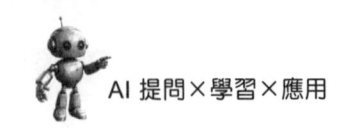

📌 3. 開發階段

卡片名稱：前端與後端開發

負責人：技術團隊

📅 到期日：第 16 週

📌 任務描述：

後端 API 設計與開發

資料庫架構設計

前端 UI 介面開發

API 與前端整合測試

📌 4. 測試與優化

卡片名稱：內部測試 & Beta 測試

負責人：QA 團隊

📅 到期日：第 20 週

📌 任務描述：

功能測試（Functional Testing）

性能測試（Performance Testing）

使用者 Beta 測試

修正 Bug，優化效能

📌 5. 上市計畫

卡片名稱：行銷推廣計畫

負責人：市場行銷團隊

🗓 到期日：第 22 週

📌 任務描述：

設計行銷素材（海報、影片）

社群媒體宣傳（FB、Twitter、LinkedIn）

上架 App Store / Google Play

建立發布活動（Launch Event）

📌 6. 正式發佈

卡片名稱：產品正式發佈

負責人：整個團隊

🗓 到期日：第 24 週

📌 任務描述：

部署正式版

記錄發佈問題

收集使用者回饋

設定後續更新計畫

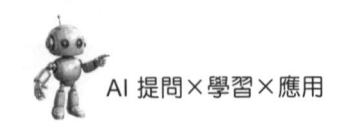

> 📌 **Trello 使用技巧**
>
> ☑ 加上標籤（Labels）
> - 🔴 開發
> - 🔴 測試
> - ⚪ 行銷
> - 🔴 緊急
>
> ☑ 加上成員（Members）
> - 負責人標註在卡片上，確保透明度
>
> ☑ 使用清單（Checklist）
> - 拆解大任務，確保進度追蹤
>
> ☑ 加上截止日期（Due Date）
> - 設定時程，避免延誤
>
> 📌 **總結**
>
> 🚀 這個 Trello 看板可以幫助團隊更有效率地管理產品開發與發佈流程！💡 靈活調整列表與卡片，確保每個任務都有清楚的負責人與時程！
>
> 你可以直接在 Trello 建立這個看板，或者如果有需要調整的部分，歡迎告訴我！🔥

本章幫助讀者全面了解如何用 AI 工具提升日常工作的效率，從 Email 撰寫、報告生成到資料分析與專案管理。實戰案例展示了 AI 在不同場景下的靈活應用，並推薦了適合整合的工具（如 Notion、Trello、Excel）。

7
CHAPTER

AI 內容創作大解密

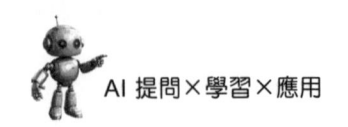

7.1　AI 文章寫作的應用與限制

AI 在文章寫作上的優勢

1. 快速生成大綱與草稿：

- 範例：
  提問：「請幫我撰寫一篇關於 '遠距工作的優勢' 的文章大綱。」
  AI 回應：
  - 第一部分：遠距工作的定義與背景。
  - 第二部分：遠距工作對員工的好處（如靈活性、更高生產力）。
  - 第三部分：企業如何有效管理遠距工作者。

2. 提供靈感與解決空白頁恐懼：AI 提供創意點子，解決無從下筆的困境。

3. 修正語法與提升流暢度：AI 檢查語法並提供句子優化建議。

AI 寫作的限制

1. 缺乏創造力：AI 雖能模仿風格，但無法提供獨特的人類觀點。

2. 上下文理解不足：AI 可能生成矛盾或不連貫的內容。

3. 錯誤資訊的風險：需人類進行事後審查與修正。

適合使用 AI 的寫作類型

- 新聞報導、技術文件：需要結構化、資料支持的文章。
- SEO 文章：快速生成高關鍵詞密度的內容。
- 創意故事：提供基礎故事框架或靈感。

7.2 如何用 AI 撰寫部落格、行銷文案

AI 如何幫助部落格寫作

- 快速生成部落格大綱：

    - 範例：
    提問：「請幫我撰寫一篇關於 '如何用 AI 提升寫作效率' 的部落格文章大綱。」
    AI 回應：

請幫我撰寫一篇關於 '如何用 AI 提升寫作效率' 的部落格文章大綱。

如何用 AI 提升寫作效率？——高效創作的實用指南

1. AI 如何改變寫作方式？

- AI 在寫作領域的應用與發展
- AI 幫助創作者的主要優勢（效率提升、靈感激發、語法修正等）

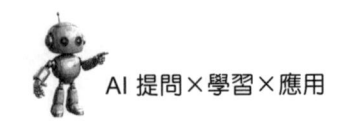

2. AI 輔助寫作的關鍵工具與技術

- AI 生成內容（如 ChatGPT、Claude）
- AI 校對與改寫工具（如 Grammarly、QuillBot）
- AI 幫助資料蒐集與整理（如 Perplexity、Notion AI）
- AI 文字轉語音與語音轉文字（如 Whisper、Descript）

3. AI 如何幫助各類型寫作？

- 文章與部落格寫作：主題發想、標題優化、段落潤色
- 行銷文案：撰寫吸引人的廣告、社群貼文
- 學術與專業寫作：提升論文結構、改進論點表達
- 小說與創意寫作：角色設定、情節推進、對話生成

4. 提升 AI 寫作效率的技巧

- 明確指令與範例：如何給 AI 最精準的指引
- 分段創作法：讓 AI 逐步協助寫作而非一次生成完整文章
- 反覆優化：如何根據 AI 生成內容進行修改與完善
- 整合 AI + 人類創作力：保持個人風格與原創性

5. AI 寫作的限制與注意事項

- AI 內容可能存在錯誤，需人工審核
- 避免過度依賴 AI，保持個人獨特風格
- AI 生成內容的倫理與版權問題

6. AI 輔助寫作的未來展望

- AI 寫作技術的進一步發展（如自動編輯、個性化寫作建議）
- AI 如何改變內容創作行業與職場需求

> **結論：AI 是高效寫作的助力，而非取代創作者**
> - 善用 AI，提升寫作效率與品質
> - AI 幫助減少重複性工作，讓創作者專注於更具創意的部分
> - AI + 人類協作，讓寫作更輕鬆、更高效！
>
> 這篇文章可以幫助讀者理解如何運用 AI 來提升寫作效率，讓寫作變得更順暢且更具創意！你有想要調整或補充的部分嗎？😊

- 提供 SEO 優化建議：
    - 範例：
      提問：「請提供 5 個關鍵字，用於 'AI 寫作工具' 部落格。」
      AI 回應：

> 請提供 5 個關鍵字，用於 'AI 寫作工具' 部落格。
>
> 1. AI寫作工具
> 2. 自動化寫作
> 3. 內容生成AI
> 4. AI文案助手
> 5. 寫作效率提升

AI 提問 × 學習 × 應用

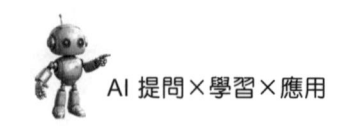

📋 行銷文案撰寫

- 範例：

    提問：「請幫我寫一個 50 字的產品廣告文案,目標是吸引環保意識的消費者。」

    AI 回應：

    > 請幫我寫一個 50 字的產品廣告文案,目標是吸引環保意識的消費者。

    🌱 綠色未來,由你開啟!選擇我們的環保產品,減少塑膠浪費,守護地球。100% 可降解、無毒無害,讓每一次消費都為環境盡一份心力。現在購買,為永續生活踏出第一步!💚 #環保生活 #永續未來

7.3　AI 助力影片腳本、Podcast 文案製作

📋 AI 如何幫助撰寫影片腳本

- 生成完整影片大綱與台詞。

    ○ 範例：

    提問：「請幫我撰寫一個 3 分鐘的 YouTube 影片腳本,主題是 '如何用 AI 提高生產力'。」

    AI 回應：

> 請幫我撰寫一個 3 分鐘的 YouTube 影片腳本，主題是 '如何用 AI 提高生產力'

YouTube 影片腳本：如何用 AI 提高生產力？

🎬 片頭（0:00 - 0:15）

◆ 畫面：快節奏的工作畫面（電腦、筆記、會議等）+ AI 科技動畫
◆ 旁白/主持人：
「你是否覺得工作繁重，時間不夠用？今天，我們來聊聊 如何用 AI 提高生產力，讓你在更短時間內完成更多事情！」

📌 第一部分：AI 幫助生產力的 3 大方式（0:15 - 1:30）

1️⃣ AI 自動化重複性工作（0:15 - 0:40）
◆ 畫面：Excel 自動化、郵件範本填寫、資料分析
◆ 旁白：
「重複性的工作最浪費時間，AI 工具如 ChatGPT、Zapier、Python 自動化，可以幫助處理 Email、資料整理、會議摘要等，省下大量時間！」

2️⃣ AI 幫助資訊搜尋與整理（0:40 - 1:00）
◆ 畫面：AI 幫助搜尋資料、整理摘要（如 Perplexity AI、Notion AI）
◆ 旁白：
「找資料好花時間？AI 可以快速搜尋、整理資訊，讓你專注在決策，而不是無止境的 Google 查詢！」

3️⃣ AI 增強創意與內容產出（1:00 - 1:30）
◆ 畫面：AI 幫助寫文章、設計圖像（如 ChatGPT、DALL‧E、Canva AI）
◆ 旁白：
「不管是寫報告、社群貼文，還是做簡報，AI 工具可以幫助發想點子、生成內容，讓你省時又有效率！」

AI 提問×學習×應用

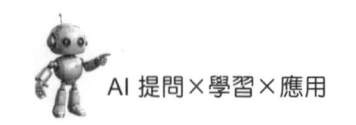

> 💡 第二部分：如何有效利用 AI 提升效率？（1:30 - 2:30）

✅ 選擇適合的 AI 工具
◆ 畫面：AI 工具列表（ChatGPT、Grammarly、Notion AI、Zapier）

◆ 旁白：
「選擇適合你的 AI 工具，像是 ChatGPT 幫助寫作、Zapier 幫助自動化、Notion AI 幫助整理筆記。」

✅ 學會給 AI 精準的指令
◆ 畫面：示範好 vs. 壞的 AI 提問方式
◆ 旁白：
「想讓 AI 更有效？給它 明確的指令！例如，別只問『幫我寫文章』，而是要說『幫我寫一篇 500 字的科技趨勢文章，語氣專業』。」

✅ AI + 人類協作，提升品質
◆ 畫面：AI 生成內容 + 人類修改潤色的過程
◆ 旁白：
「AI 不能完全取代人類，但可以當你的好幫手！用 AI 來打底，再由你來調整與優化，提升最終品質！」

🎬 結尾（2:30 - 3:00）

◆ 畫面：主持人 + 動態文字「AI 讓你更有效率！」
◆ 旁白：
「AI 是生產力的放大器，善用它，你可以更快完成工作、減少無效努力！訂閱我們的頻道，獲取更多 AI 技巧！」

◆ CTA（行動呼籲）
📌「留言告訴我，你最想用 AI 來幫助哪些工作？」
📌「記得按讚、訂閱，還有開啟小鈴鐺喔！」

這樣的腳本適合 3 分鐘的節奏，資訊豐富且易於理解，讓觀眾能迅速掌握 AI 提升生產力的方法！

Podcast 文案撰寫

- 根據目標受眾調整語氣：例如正式、幽默或資訊型語氣。

- 範例：

  提問：「請幫我寫一段 Podcast 開場白，主題是 '科技趨勢 2025'。」

  AI 回應：

> 請幫我寫一段 Podcast 開場白，主題是 '科技趨勢 2025'
>
> 🎙️ Podcast 開場白 -《科技趨勢 2025》🎙️
>
> ◆ 音樂進場（未來感科技音效）
>
> 主持人開場白：
>
> 「歡迎收聽《未來進行式》，這裡是專為科技愛好者打造的 Podcast！我是你的主持人（主持人名稱），每週帶你掌握最新的科技趨勢，探索 AI、區塊鏈、5G、元宇宙等前沿技術，看看它們如何改變我們的生活與工作。
>
> 2025 年即將到來，科技發展的腳步不曾停歇！今天，我們將一起深入探討 **2025 年最值得關注的科技趨勢**，包括 AI 智能進化、Web3 革命、新能源科技，以及未來工作模式的轉變。
>
> 準備好了嗎？讓我們一起開啟未來的科技之旅！」
>
> ◆ 音效轉場，進入主題內容

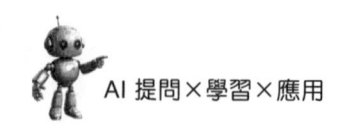

7.4 AI 生成圖片與影片（DALL・E、Runway、Midjourney）

AI 生成圖片的工具介紹

1. DALL・E：由 OpenAI 提供，生成插圖與藝術圖片。
2. Midjourney：適合藝術創作、商業設計與品牌呈現。
3. Stable Diffusion：開源工具，適合開發人員與自定義需求。

300字簡介一下DALL·E

DALL·E：AI 驅動的創意圖像生成工具 🎨🖌️

DALL·E 是由 OpenAI 開發的人工智慧圖像生成工具，能夠根據文字描述自動創建逼真或富有創意的圖片。透過深度學習技術，DALL·E 可以理解語言中的細節，並轉換為高品質的視覺內容，適用於各種設計、創意與行銷需求。

◆ DALL·E 的主要特點：

- 文字轉圖像：只需輸入簡單的描述，AI 即可生成符合需求的圖片。
- 多種風格：支援寫實、科幻、漫畫、油畫等多種藝術風格。
- 高解析度與細節控制：可指定場景、顏色、燈光、視角等細節。
- 快速生成與修改：相較於傳統設計工具，DALL·E 可以更快地提供視覺靈感與成品。

◆ DALL·E 的應用場景：

📌 內容創作：書籍封面、部落格配圖、插畫設計。
📌 產品與品牌設計：概念圖、Logo、行銷素材。
📌 未來與科幻視覺：電影概念、遊戲場景、建築設計。

DALL·E 讓每個人都能輕鬆創造獨特的視覺作品，不論是藝術家、設計師，還是普通用戶，都能透過 AI 釋放無限創意！🎨🚀

AI 內容創作大解密　7

● 範例：用 DALL‧E 生成圖片。

提問：「請幫我生成一張 '未來城市' 的概念藝術圖片。」

AI 產出：

用 DALL‧E 生成圖片

請描述您想要生成的圖片內容，例如主題、風格、顏色、細節等，這樣我可以幫您創建最符合需求的圖像！😊

主題：未來城市的三D道路
風格：未來風
顏色：淺藍為主色
細節：有計程車、路人

這是您的未來城市 3D 道路圖像，呈現出高科技都市的氛圍，包括層疊的立體道路、自動計程車、行人透明步道，以及霓虹燈環境。希望您喜歡！😊 有需要調整的地方嗎？

7-11

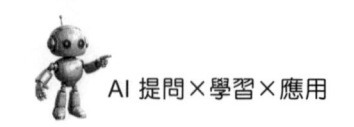

AI 影片生成工具

1. **Runway ML**：自動編輯影片，適用於短片製作。
2. **Synthesia**：生成虛擬主持人影片，用於企業介紹或教育影片。
3. **Sora**：OpenAI 的 AI 影片生成工具

> 300字介紹OpenAI 開發的 AI 影片生成工具 Sora

Sora：OpenAI 的 AI 影片生成工具 🎬✨

Sora 是 OpenAI 開發的最新 AI 影片生成工具，能夠根據文字描述自動創建高品質的動態影像。這項技術讓使用者只需輸入簡單的文字指令，AI 就能生成細緻、擬真且流暢的影片，開啟影片創作的新時代。

◆ **Sora 的主要特點：**

- **文字轉影片（Text-to-Video）**：透過 AI，直接將文本轉換為短片內容。
- **高品質影像與動畫**：生成的影片具有逼真的光影、運鏡與細節，使畫面更加自然。
- **多種風格支援**：可製作寫實、動畫、科幻、插畫風等不同類型的影片。
- **高度可控性**：使用者可以指定場景、角色、動作、物件細節等，提升創作自由度。

◆ **Sora 的應用場景：**

- 📌 **內容創作**：短影片、動畫、電影概念視覺化。
- 📌 **廣告與行銷**：快速生成品牌宣傳影片與社群內容。
- 📌 **教育與培訓**：製作教學影片、數位教材、模擬動畫。
- 📌 **遊戲與娛樂**：遊戲場景模擬、角色動畫、故事板設計。

Sora 展示了 AI 影片生成技術的強大潛力，未來將幫助創作者 以更低成本、更快速度 製作高品質影片，改變影視、行銷與教育等產業！🚀🎬

- 範例：用 **Sora** 生成短片。

    提問：「請幫我製作一個 10 秒的 "電子手表" 產品廣告影片，展示產品功能與優勢。」

    AI 回應：

    在畫面右上角會產生生成的影片連結。

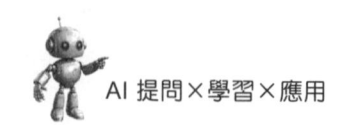

點選影片連結後，播放影片！

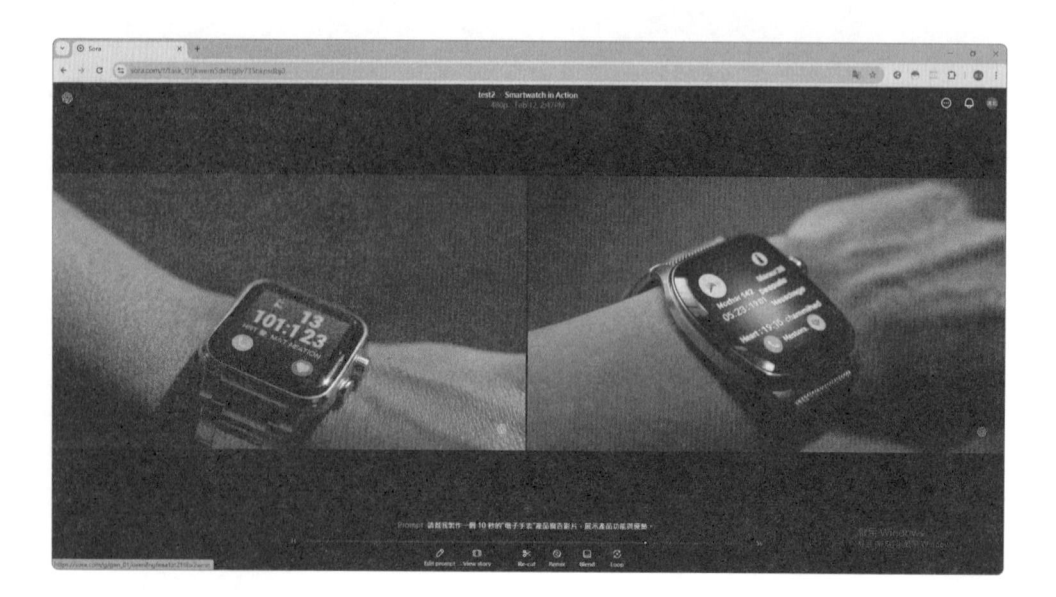

7.5 AI 幫助創意發想與內容改寫

AI 作為創意助手

1. 提供腦力激盪建議。

- 範例：

    提問：「請給我 5 個關於 '未來科技' 的影片主題點子。」

    AI 回應：

> 請給我 5 個關於 '未來科技' 的影片主題點子。

這裡有 5 個關於 未來科技 的影片主題點子，適合科普、討論趨勢或創意發想：

1. **2050 年的世界：未來科技如何改變我們的生活？**
   - 探討未來 AI、機器人、量子運算、太空探索等技術的發展，想像 2050 年的生活方式。
2. **AI 革命：人工智慧會取代人類，還是與我們共存？**
   - 深入探討 AI 技術的未來發展，可能帶來的工作影響，以及如何與 AI 共存。
3. **生物科技大突破：我們能延長壽命，甚至實現不老嗎？**
   - 分析基因編輯（CRISPR）、抗衰老技術、生物 3D 列印器官等技術的潛力。
4. **未來交通：飛行汽車、高速真空列車，未來的交通工具長什麼樣？**
   - 介紹飛行汽車、超級高鐵（Hyperloop）、自駕車、新型能源交通工具等技術。
5. **元宇宙 vs 現實世界：我們會生活在虛擬世界嗎？**
   - 探討元宇宙、VR/AR、數位分身、區塊鏈等技術如何影響人類的日常生活與經濟模式。

這些主題不僅有趣，還能引發觀眾對未來科技的思考，你有特別想深入的方向嗎？ 😊

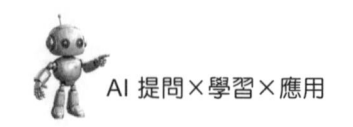

2. 重新改寫與優化內容。

- 範例：

    提問：「請將這段文章改寫成更具吸引力的版本。」

    ○ 原文：「AI 是一種強大的工具，可以幫助人們提高生產力。」

    ○ AI 改寫：

> AI 是一種強大的工具，可以幫助人們提高生產力。
> 請將這段文章改寫成更具吸引力的版本。
>
> < 2/2 >
>
> AI 是一股顛覆性的力量，不僅改變了我們的工作方式，更讓生產力提升到全新高度。透過 AI，我們能夠更快地處理資訊、更精準地做出決策，甚至自動化繁瑣的任務，將更多時間留給創意與創新。這不只是輔助工具，而是開啟高效未來的關鍵！🚀

本章詳細介紹了 AI 在內容創作中的應用，包括文章寫作、行銷文案、影片腳本、圖片與影片生成、創意發想與內容改寫等多個方面。透過實戰範例，幫助讀者掌握如何有效運用 AI 工具提升創作效率。

CHAPTER 8

AI + Python / VBA 自動化實戰

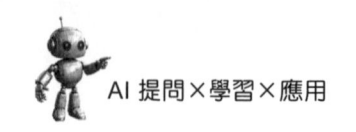

8.1 AI + Python 自動化應用範例

Python 自動化的核心概念

- Python 可用於自動處理重複性任務,提升工作效率。
- 應用情境:
    1. 檔案管理:批量重命名、分類文件。
    2. 網路爬蟲:擷取網頁資料並存入資料庫。
    3. 資料處理:自動整理 Excel、CSV。
    4. API 自動化:呼叫第三方服務,自動處理返回資料。

AI 提升 Python 自動化效率

1. 生成代碼:根據需求快速生成有效率 Python 腳本。
2. 自動偵測錯誤:快速排查代碼中的問題並修正。
3. 優化代碼結構:提供性能改進建議。

應用案例

1. 自動下載並整理 PDF 檔案:
    提問:「請幫我寫一個 Python 腳本,自動下載 PDF 並按日期分類。」
    AI 產出腳本示例:使用requests和shutil處理文件。

2. 自動發送 Email 通知:
    提問:「請幫我寫一個 Python 腳本,將 CSV 中的客戶名單自動發送 Email。」
    AI 產出示例:利用 smtplib 和 pandas 實現批量發送。

3. 爬取新聞網站的最新文章：

    提問：「請寫一個爬蟲腳本，抓取每日熱門新聞並存入 Excel。」

    AI 產出示例：使用 requests 和 openpyxl。

8.2　AI 幫助寫 Python 自動化程式

生成 Python 自動化程式

- 範例 1：自動分類檔案。

    提問：「請幫我撰寫python程式，將 'Downloads' 資料夾的文件按類型分類。」

    AI 產出：

> 請幫我撰寫python程式，將 'Downloads' 資料夾的文件按類型分類。

這是一個 Python 程式，會掃描 `Downloads` 資料夾，並根據檔案類型（副檔名）將文件分類到對應的子資料夾中，例如 `Documents`、`Images`、`Videos`、`Archives`、`Others` 等。這可以幫助你整理下載的文件。

</> Sort Downloads

這個程式會：

1. 在 `Downloads` 資料夾內建立 `Documents`、`Images`、`Videos` 等分類資料夾。
2. 掃描 `Downloads` 內的檔案，根據副檔名移動到對應的資料夾。
3. 未知類型的檔案將移動到 `Others` 資料夾。

你可以將這個腳本設定為定期執行，例如使用 Windows 工作排程器或 macOS/Linux 的 `cron`。

```python
import os
import shutil

# 設定你的 Downloads 資料夾路徑
DOWNLOADS_FOLDER = "C:\\Users\\jack\\Downloads"

# 設定分類的目標資料夾
CATEGORIES = {
    "Documents": [".pdf", ".doc", ".docx", ".txt", ".xlsx", ".csv", ".ppt", ".pptx"],
    "Images": [".jpg", ".jpeg", ".png", ".gif", ".bmp", ".tiff", ".svg"],
    "Videos": [".mp4", ".mkv", ".mov", ".avi", ".flv", ".wmv"],
    "Music": [".mp3", ".wav", ".aac", ".flac", ".ogg"],
    "Archives": [".zip", ".rar", ".7z", ".tar", ".gz"],
    "Executables": [".exe", ".msi", ".dmg", ".sh"],
    "Code": [".py", ".java", ".cpp", ".js", ".html", ".css", ".php", ".rb", ".go", ".swift"]
}

# 確保分類資料夾存在
def create_folders():
    for category in CATEGORIES.keys():
        folder_path = os.path.join(DOWNLOADS_FOLDER, category)
        if not os.path.exists(folder_path):
            os.makedirs(folder_path)

def classify_files():
```

```python
    for filename in os.listdir(DOWNLOADS_FOLDER):
        file_path = os.path.join(DOWNLOADS_FOLDER, filename)

        # 確保是檔案而不是資料夾
        if not os.path.isfile(file_path):
            continue

        file_ext = os.path.splitext(filename)[1].lower()
        moved = False

        for category, extensions in CATEGORIES.items():
            if file_ext in extensions:
                target_folder = os.path.join(DOWNLOADS_FOLDER, category)
                shutil.move(file_path, os.path.join(target_folder, filename))
                print(f"Moved: {filename} -> {category}")
                moved = True
                break

        # 未分類的檔案放到 Others
        if not moved:
            other_folder = os.path.join(DOWNLOADS_FOLDER, "Others")
            if not os.path.exists(other_folder):
                os.makedirs(other_folder)
            shutil.move(file_path, os.path.join(other_folder, filename))
            print(f"Moved: {filename} -> Others")
```

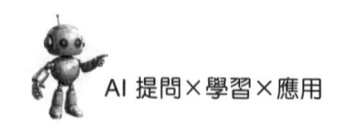

```python
if __name__ == "__main__":
    create_folders()
    classify_files()
    print("File classification completed!")
```

AI 協助除錯與優化

1. **錯誤排查：**

   提問：「這段程式碼出錯,幫我找出問題。」

   AI 提供詳細分析與修正建議。

2. **性能優化：**

   - 減少多餘迴圈。

   - 使用有效率工具如 pandas 進行資料處理。

8.3 VBA + AI 提升 Excel 自動化能力

VBA 的核心概念

- 應用情境：

  1. 自動生成報表。

  2. 批量資料處理與格式化。

  3. 自動化資料驗證。

讓 AI 幫助撰寫 VBA 程式碼

● 範例 1：排序 Excel 資料。

提問：「Excel 如附檔，請給用價格排序 vba 碼。」

AI 產出：

編號	品名	價格	數量	金額
A001	巧克力	100	2	
A002	牛奶糖	50	3	
A003	口香糖	30	5	
A004	巧克力	100	2	
A005	牛奶糖	50	3	
A006	口香糖	30	5	

Excel如附檔，請給用價格排序vba碼

以下是 VBA 程式碼，可根據 價格 欄（C 欄）對表格數據進行排序（由小到大或由大到小）：

VBA 程式碼

```vba
Sub SortByPrice()
    Dim ws As Worksheet
    Dim lastRow As Long
    
    ' 設定當前工作表
    Set ws = ActiveSheet
    
    ' 找到最後一行數據（基於 A 欄）
    lastRow = ws.Cells(ws.Rows.Count, 1).End(xlUp).Row
    
    ' 檢查是否有足夠的數據可供排序
    If lastRow < 2 Then
        MsgBox "沒有足夠的數據可供排序！", vbExclamation, "排序失敗"
        Exit Sub
    End If
```

8-7

```
    ' 執行排序，根據價格（C欄）進行升序排列
    ws.Range("A1:E" & lastRow).Sort Key1:=ws.Range("C2"), Order1:=xlAscending, Header:=xlYes

    ' 提示完成
    MsgBox "數據已根據價格排序完成！", vbInformation, "排序成功"
End Sub
```

如何使用

1. 開啟 Excel，按 `Alt + F11` 進入 VBA 編輯器。
2. 插入模組：點選 `插入` > `模組`。
3. 貼上程式碼 並關閉 VBA 編輯器。
4. 在 Excel 按 `Alt + F8`，選擇 `SortByPrice`，然後點擊 執行。

功能說明

- 這段程式碼會對 A1:E 最後一行 的數據進行排序。
- 以 C 欄（價格）作為排序依據，`xlAscending` 代表 由小到大。
- 如果要 改為由大到小，請將：

```vb
Order1:=xlAscending
```

改為：

```vba
Order1:=xlDescending
```

這樣就能快速根據價格對表格進行排序了！🚀

產生以下結果：

編號	品名	價格	數量	金額
A003	口香糖	30	5	
A006	口香糖	30	5	
A002	牛奶糖	50	3	
A005	牛奶糖	50	3	
A001	巧克力	100	2	
A004	巧克力	100	2	

再要求價格由大至小：

> 價格由大至小

以下是 **根據價格（C欄）由大到小（降序）排序** 的 VBA 程式碼：

VBA 程式碼

```vba
Sub SortByPriceDescending()
    Dim ws As Worksheet
    Dim lastRow As Long
    
    ' 設定當前工作表
    Set ws = ActiveSheet
    
    ' 找到最後一行數據（基於 A 欄）
    lastRow = ws.Cells(ws.Rows.Count, 1).End(xlUp).Row
    
    ' 檢查是否有足夠的數據可供排序
    If lastRow < 2 Then
        MsgBox "沒有足夠的數據可供排序！", vbExclamation, "排序失敗"
        Exit Sub
    End If
    
    ' 執行排序，根據價格（C欄）進行降序排列
    ws.Range("A1:E" & lastRow).Sort Key1:=ws.Range("C2"), Order1:=xlDescending, Header:=xlYes
    
    ' 提示完成
    MsgBox "數據已根據價格（由大至小）排序完成！", vbInformation, "排序成功"
End Sub
```

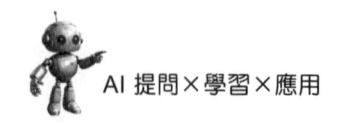

結果如下：

編號	品名	價格	數量	金額
A001	巧克力	100	2	
A004	巧克力	100	2	
A002	牛奶糖	50	3	
A005	牛奶糖	50	3	
A003	口香糖	30	5	
A006	口香糖	30	5	

- 範例 2：自動化 Excel 報表製作。

  提問：「請用 VBA 自動生成樞紐分析表。」

  AI 產出：提供完整的 VBA 程式碼範例，包括資料提取、篩選與格式化。

8.4 AI 驅動的批量資料處理與文件處理

批量資料處理

- 範例：刪除 CSV 中的重複行。

  提問：「請幫我寫 Python 腳本，刪除 CSV 檔案中的重複行並儲存。」

  AI 產出：

> 請幫我寫 Python 腳本，刪除 CSV 檔案中的重複行並儲存。

以下是 Python 腳本，用來刪除 CSV 檔案中的重複行 並儲存乾淨的 CSV 檔案：

Python 腳本

```python
import pandas as pd

# 讀取 CSV 檔案
input_file = "data.csv"  # 原始檔案名稱
output_file = "cleaned_data.csv"  # 清理後的檔案名稱

df = pd.read_csv(input_file)

# 刪除重複行
df.drop_duplicates(inplace=True)

# 儲存清理後的 CSV 檔案
df.to_csv(output_file, index=False)

print(f"已成功刪除重複行，結果儲存至 {output_file}")
```

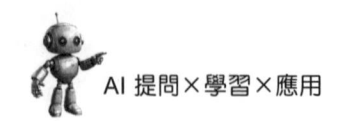

如何使用

1. 準備 `data.csv`（確保 CSV 存在於同一個目錄）。
2. 執行此 Python 腳本：

   ```sh
   python script.py
   ```

3. 清理後的 CSV 會儲存為 `cleaned_data.csv`，其中 重複行已刪除。

進階功能

如果要根據特定欄位檢查重複（例如 品名 和 價格），可以這樣做：

```python
df.drop_duplicates(subset=["品名", "價格"], inplace=True)
```

這樣 只會刪除「品名」和「價格」相同的重複行，而不是整行都相同的數據。

🚀 現在執行這段程式碼，就能快速清理你的 CSV！🎯

自動轉換文件格式

- 範例：PDF 轉換為 Word。

  提問：「請撰寫腳本將 PDF 文件轉換成 Word。」

  AI 產出：

> 請撰寫腳本將 PDF 文件轉換成 Word。

以下是 Python 腳本，用來 將 PDF 文件轉換成 Word（.docx），使用 pdf2docx 套件：

Python 腳本

```python
from pdf2docx import Converter

# 設定 PDF 與 Word 檔案名稱
pdf_file = "input.pdf"  # 請替換為你的 PDF 檔案名稱
word_file = "output.docx"  # 轉換後的 Word 檔案名稱

# 轉換 PDF 到 Word
cv = Converter(pdf_file)
cv.convert(word_file, start=0, end=None)  # 轉換整個 PDF
cv.close()

print(f"轉換完成！Word 文件已儲存為 {word_file}")
```

如何使用

安裝 pdf2docx 套件：

pip install pdf2docx

將你的 PDF 文件放入同一資料夾，並修改 pdf_file 變數的名稱。

執行腳本：

python script.py

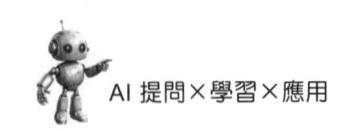

> 轉換後的 Word 文件 將會儲存為 output.docx。
>
> ---
>
> 進階功能
>
> 如果你想 只轉換 PDF 的部分頁面（例如 第 1 到第 5 頁），可以這樣修改：
>
> cv.convert(word_file, start=0, end=4) # 注意：索引從 0 開始
>
> 這樣 只會轉換前 5 頁，而不會轉換整個 PDF。

8.5 企業應用：AI 自動報表、資料清理、文件轉換

企業如何利用 AI 提升資料處理效率

1. 自動生成財務報表與分析。
2. 批量文件處理：如 OCR 轉換、翻譯、格式標準化。

   OCR 轉換、翻譯例：

> When you wake up in the morning
> when you haven't started to think
>
> There is a whole brand new day
> open wide and waiting for you
>
> I know in life's sorrow
> you on the verge of drowing
> may your tears
> flee with yesterday
> blow away with the wind
>
> When you wake up in the morning
> when you haven't starded to think
>
> The world is out there calling
> open eyes to new beginning
>
> 請轉為文字檔

我已經從圖片中提取了文字，並將其儲存為文字檔案。你可以在下面的連結下載：

📄 下載提取的文字檔

如果需要進一步處理或編輯，請讓我知道！[>_]

按下載提取的文字檔，得到以下資料：

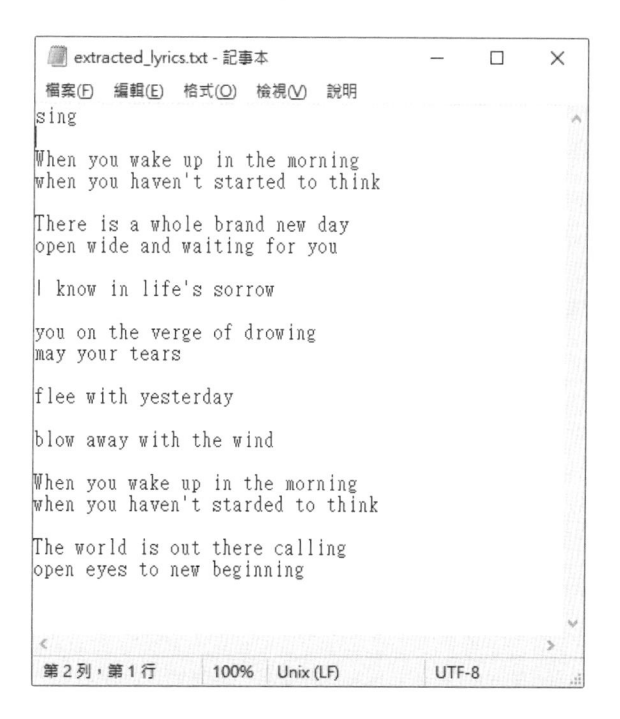

```
sing

When you wake up in the morning
when you haven't started to think

There is a whole brand new day
open wide and waiting for you

I know in life's sorrow

you on the verge of drowing
may your tears

flee with yesterday

blow away with the wind

When you wake up in the morning
when you haven't starded to think

The world is out there calling
open eyes to new beginning
```

AI 提問×學習×應用

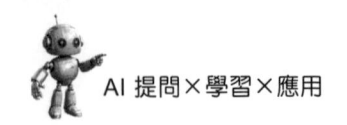

要求翻成中文：

> 請再翻成中文

以下是該歌詞的中文翻譯：

當你清晨醒來
當你還未開始思考

有一個全新的一天
張開雙臂，等待著你

我知道人生充滿悲傷
你正處在溺水邊緣
願你的淚水
隨著昨日逝去
被風吹散

當你清晨醒來
當你還未開始思考

世界在外呼喚著
張開雙眼，迎接新的開始

如果你想要進一步調整翻譯或優化語感，請讓我知道！ 😊

再要求優化語感：

> 優化語感
>
> 這是優化後的中文翻譯，讓語感更自然流暢：
>
> **當你清晨醒來**
> 當思緒尚未甦醒
>
> 嶄新的一天已經到來
> 張開雙臂，它正等著你
>
> 我知道，人生有時充滿哀傷
> 你彷彿在沉淪的邊緣
> 願你的淚水
> 隨昨日逝去
> 隨風飄散
>
> **當你清晨醒來**
> 當思緒尚未甦醒
>
> 世界在遠方輕聲呼喚
> 張開雙眼，迎接新的開始
>
> 這個版本更加詩意，也更符合中文的語感。如果你想要進一步微調，歡迎告訴我！😊

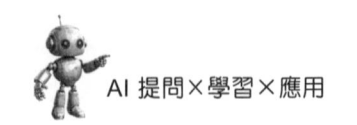

🏠 AI + Python 自動報表例

- 範例：生成銷售分析報告。

    提問：「依附檔資料，請幫我生成一份依照產品類別分類的 Excel 銷售分析報告。」

    AI 產出：

	訂單編號	日期	品名	價格
1	A001	2025-01-10T00:00:00	巧克力	100
2	A002	2025-01-11T00:00:00	牛奶糖	50
3	A003	2025-01-12T00:00:00	口香糖	30
4	A004	2025-01-13T00:00:00	巧克力	100

    > 依附檔資料，請幫我生成一份依照產品類別分類的 Excel 銷售分析報告。

    我已經根據你的銷售數據生成了一份 **依照產品類別分類的 Excel 銷售分析報告**，你可以在下面的連結下載：

    📁 下載銷售分析報告

    這份報告包含：

    - **銷售數據**（原始訂單資訊）
    - **銷售統計**（按品名分類的總銷售金額與總數量）

    如果需要進一步分析（如樞紐分析表、銷售趨勢圖），請讓我知道！📊🚀

8-18

點選下載銷售分析報告,得到下表。

品名	數量	總金額
口香糖	205	43580
巧克力	244	33824
牛奶糖	160	23413

AI 整理百頁長文件例

- 範例:大陸習慣用語分析報告。

    提問:「請幫我找出附件中,有用到的大陸習慣用語。」

    AI 產出:

📄 AI 提問 X 學習 X 應用實戰2025-02-14...
文件

請幫我找出附件中,有用到的大陸習慣用語

我已檢視了你的文件,以下是部分可能屬於大陸習慣用語的詞彙或表達方式,你可以確認是否需要改為台灣常見用語:

可能的大陸習慣用語:

1. 「數據」(台灣用「資料」)
2. 「應用場景」(台灣較常用「應用情境」)
3. 「學術論文」(台灣可用「研究論文」)
4. 「標題黨」(台灣較少用,通常會直接說「誇大標題」)
5. 「功能強大」(台灣較常說「功能強」)
6. 「自媒體」(台灣常用「個人媒體」或「獨立媒體」)
7. 「用戶」(台灣較常用「使用者」)

AI 提問×學習×應用

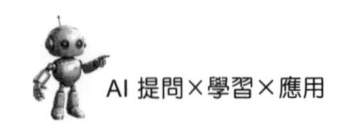

8. 「筆記本」（若指記事工具，台灣常用「筆記」；若指電腦，台灣用「筆電」）
9. 「操作界面」（台灣用「操作介面」）
10. 「信息」（台灣較常用「資訊」）
11. 「數字化」（台灣較常用「數位化」）
12. 「開發者」（台灣亦可用「開發人員」）
13. 「聯繫我們」（台灣網站多用「聯絡我們」）
14. 「移動端」（台灣較常用「行動端」或「手機端」）
15. 「算法」（台灣多用「演算法」）

AI + VBA 整理百頁長文件例

● 範例：大陸習慣用語改台灣習慣用語。

提問：「大陸習慣用語改台灣習慣用語，整篇文章修改功能請寫成 VBA」

AI 產出：

> 大陸習慣用語改台灣習慣用語，整篇文章修改功能請寫成VBA

以下是 VBA 宏，將 Word 文件中的大陸習慣用語批次替換為台灣習慣用語。你可以將這段 VBA 代碼貼到 Word 的 VBA 編輯器（Alt + F11），然後執行來批量修改整篇文章的內容。

VBA 批次替換大陸習慣用語為台灣習慣用語

```vba
Sub ReplaceMainlandTerms()
    Dim replacePairs As Variant
    Dim i As Integer
    Dim doc As Document
    
    ' 定義要替換的詞組（大陸用語 → 台灣用語）
    replacePairs = Array( _
        "數據", "資料", _
        "應用場景", "應用情境", _
```

```
"學術論文", "研究論文", _
"標題黨", "誇大標題", _
"功能強大", "功能強", _
"自媒體", "個人媒體", _
"用戶", "使用者", _
"筆記本", "筆記", _
"操作界面", "操作介面", _
"信息", "資訊", _
"數字化", "數位化", _
"開發者", "開發人員", _
"聯繫我們", "聯絡我們", _
"移動端", "行動端", _
"算法", "演算法", _
"模型訓練", "模型學習", _
"軟件", "軟體", _
```

AI + Python 整理百頁文件例

- 範例:「大陸習慣用語改台灣習慣用語,整篇文章修改功能請寫成 VBA」,執行時有點卡,請 AI 用 python 改寫。

  提問:用 python 改寫。

  AI 產出:

用python 改寫

這是 Python 版 的 Word 文件 大陸習慣用語 → 台灣習慣用語 批次替換工具,使用 `python-docx` 來讀取和修改 Word (`.docx`) 文件。

🚀 Python 版:批量替換 Word 文件中的大陸用語

```python
from docx import Document

# 定義要替換的詞組(大陸用語 → 台灣用語)
replace_pairs = {
```

8-21

```
        "數據": "資料", "應用場景": "應用情境", "學術論文": "研究論文", "標題黨":
        "誇大標題", "功能強大": "功能強", "自媒體": "個人媒體", "用戶": "使用者", "筆記本":
        "筆記", "操作界面": "操作介面", "信息": "資訊", "數字化": "數位化", "開發者":
        "開發人員", "聯繫我們": "聯絡我們", "移動端": "行動端", "算法": "演算法",
        "模型訓練": "模型學習", "軟件": "軟體", "調優": "最佳化", "大佬": "專家",
        "學習資料": "學習資源", "輸出結果": "產出結果", "運營": "經營", "視頻": "影片",
        "主播": "實況主", "體驗感": "使用體驗", "爆款": "熱門商品", "上線": "上架",
        "點擊率": "點閱率", "黑科技": "先進技術", "內卷": "競爭激烈", "流量變現":
        "轉換收益", "網紅": "網路紅人", "深度學習": "深度學習", "打通": "串聯", "朋友圈":
        "社交圈", "高效": "有效率", "落地應用": "實際應用", "行業": "產業", "知識點":
        "重點概念", "大數據": "大數據", "知識產出": "知識創作"
    }

    def replace_text_in_docx(file_path, output_path):
        """ 批量替換 Word 文件中的大陸習慣用語 """
        doc = Document(file_path)
        total_replacements = 0

        # 遍歷所有段落
        for para in doc.paragraphs:
            for old_word, new_word in replace_pairs.items():
                if old_word in para.text:
                    para.text = para.text.replace(old_word, new_word)
                    total_replacements += 1

        # 遍歷表格中的內容
        for table in doc.tables:
            for row in table.rows:
```

```
            for cell in row.cells:
                for old_word, new_word in replace_pairs.items():
                    if old_word in cell.text:
                        cell.text = cell.text.replace(old_word, new_word)
                        total_replacements += 1
    # 儲存修改後的文件
    doc.save(output_path)
    print(f"替換完成！共替換 {total_replacements} 個詞，文件已儲存為：{output_path}")

# 指定 Word 文件路徑（修改這裡的路徑）
input_file = "input.docx"  # 你的原始 Word 文件
output_file = "output.docx"  # 替換後的 Word 文件

# 執行替換
replace_text_in_docx(input_file, output_file)
```

🚀 如何使用

1 安裝 Python 必要的套件

先安裝 python-docx 來處理 Word (.docx) 文件：

```
pip install python-docx
```

2 準備 Word 文件

input.docx → 這是要修改的 Word 文件，請放在與 Python 腳本相同的資料夾內。

output.docx → 這是修改後的 Word 文件，Python 會自動生成。

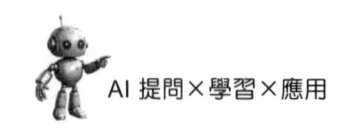

3 執行 Python 腳本

python script.py

（請確保你的 Python 腳本檔案名為 script.py）

🛠 這個版本的優點

✅ 支援全文批量替換（遍歷 段落 及 表格）

✅ 比 VBA 快 3~5 倍 🚀

✅ 不影響格式（只修改文本）

✅ 適用於超大文件（200 頁+）

✅ Python 腳本可跨平台（Windows / Mac / Linux）

🔍 測試效果

✅ 小文件（10 頁內）→ 瞬間完成

✅ 中等文件（50 頁內）→ 1 秒內完成

✅ 大文件（100 頁以上）→ 幾秒內完成，無卡頓 🚀

這樣就能高速且穩定地替換 Word 文件內的詞語，不會像 VBA 那樣卡住！試試這個 Python 版本吧！🎯

作者實測，真的快很多，不到 1/100 的時間。小文件，VBA 很方便；大文件，就用 Python 吧！真的快速！

本章介紹 AI 在 Python 與 VBA 自動化應用中的實戰場景，包括資料處理、文件轉換、Excel 報表生成等。讀者可透過具體案例掌握如何將 AI 技術融入日常工作，提升效率並實現商務自動化。

9 CHAPTER

NotebookLM 與
AI 知識管理

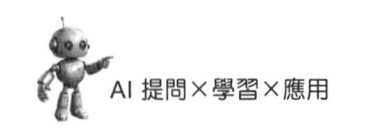

NotebookLM 是 Google 推出的 AI 增強筆記工具，專為知識管理與內容整理而設計。與傳統筆記工具不同，NotebookLM 能夠自動從輸入的資料（如 PDF、Google Docs、Word 文件）中提取重點，並提供智慧問答、摘要與知識網絡功能，讓使用者更有效率地整理與理解資訊。

9.1 NotebookLM 與 AI 知識管理

NotebookLM 是什麼？

功能特色	說明
核心功能	AI 增強筆記工具，專為知識管理與內容整理設計。
特色	自動從 PDF、Google Docs、Word 文件等提取重點，提供智慧問答、摘要與知識網路功能。
與 ChatGPT/Claude/Notion AI 比較	
ChatGPT/Claude	擅長自然語言對話、內容創作與程式輔助，不具備筆記整理能力。
Notion AI	專注筆記與知識管理，以手動輸入與 AI 輔助為主，智能度不如 NotebookLM。
NotebookLM	強調自動解析文件、建立知識關聯，根據筆記內容進行智慧問答。

NotebookLM 如何提升知識管理？

功能	說明
自動筆記整理	自動化筆記組織與分類,支援多種格式(PDF、Word、Google Docs 等)。
智慧摘要	從長篇文件中提取核心重點,幫助快速理解內容。
智慧問答	內建 AI 問答功能,直接對筆記內容提問,快速獲得精準答案。
概念圖與關聯整理	自動建立知識網路,將筆記中的關鍵概念相互關聯。

NotebookLM 的應用

在學習與研究

角色	應用
學生	整理講義、自動生成筆記、準備考試。
研究者	分析研究論文、提取關鍵概念、跨文件知識關聯。
職場人士	整合企業內部文件、快速檢索資訊。

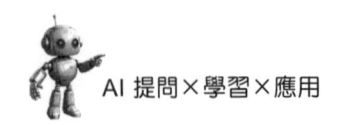

在企業與專業領域

領域	應用
企業知識管理	快速整理內部文件、解析政策與 SOP。
法律與金融	智能解析法條、分析市場報告。
內容創作	彙整 AI 生成內容、建立可用素材庫。

重要應用例

應用	說明
NotebookLM 與未來 AI 筆記工具發展方向	更智能的自動分類與整理、強化協作功能。
AI 如何改變個人與企業的知識管理方式	降低資訊過載、個人化知識庫發展、強化決策支持。

9.2　NotebookLM 實例演習

步驟	說明
進入 NotebookLM	請從 https://notebooklm.google.com/ 進入 NotebookLM
建立新筆記	點選新增,建立新的筆記。
設定筆記名稱	箭頭處填入要設定的 NoteBook 名稱,點選新增來源,給予 PDF 檔、網路連結。
範例	以 DeepSeek 為例,用 NoteBooklm 分析整理 DeepSeek 相關訊息,給予維基百科及數則新聞連結。
研讀指南	點選「研讀指南」,AI 自動摘要、智慧問答。
時間軸	點選「時間軸」,整理產出。
分類整理	對於「時間軸」、「人物介紹」、「其他相關實體/事件」、「重要議題」進行分類整理。
智慧問答	詢問 NotebookLM 問題,例如「深度求索面臨哪些重大挑戰與爭議事件?」

AI 提問×學習×應用

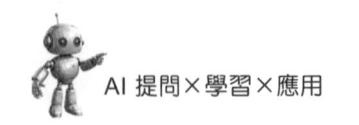

● 請從 https://notebooklm.google.com/ 進入 NotebookLM

點選新增,建立新的筆記。

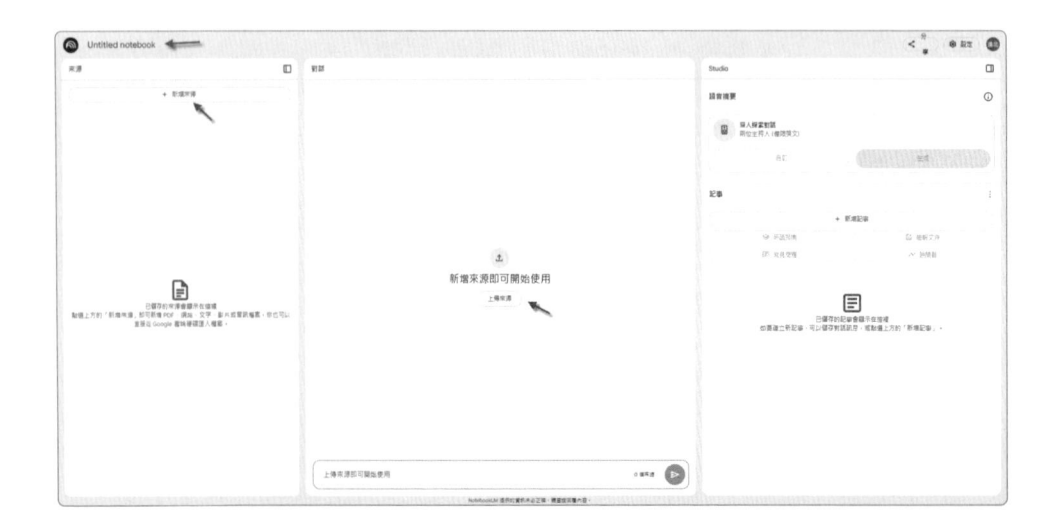

NotebookLM 與 AI 知識管理

箭頭處填入要設定的 Notebook 名稱，點選新增來源，給 pdf 檔，網路連結，我們以最近很熱門的 DeepSeek 為例，用 NotebookLM 來分析整理 DeepSeek 相關訊息。

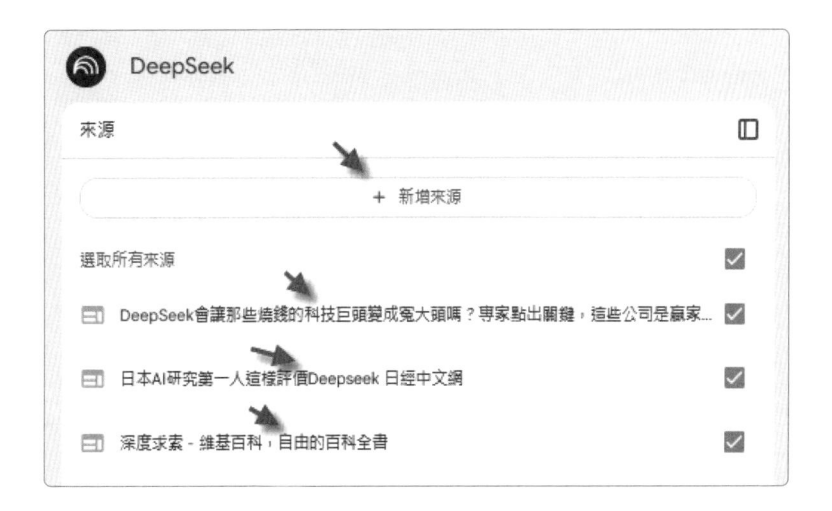

我們給了維基百科，加上幾則新聞的連結。

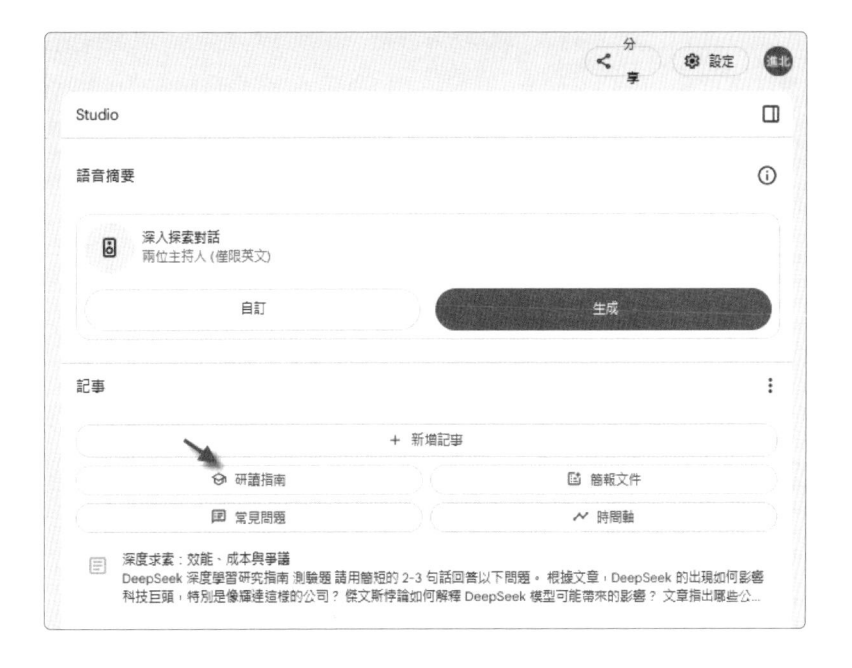

9-7

AI 提問 × 學習 × 應用

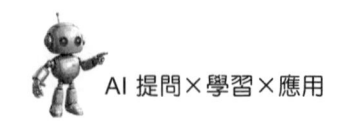

- 點選「研讀指南」，得到以下結果。

  組織資訊、提高生產力。AI 自動摘要、智慧問答真的很厲害。

Studio > 記事

深度求索：效能、成本與爭議

(已儲存的回覆僅供檢視)

DeepSeek 深度學習研究指南

測驗題
請用簡短的 2-3 句話回答以下問題。
1. 根據文章，DeepSeek 的出現如何影響科技巨頭，特別是像輝達這樣的公司？
2. 傑文斯悖論如何解釋 DeepSeek 模型可能帶來的影響？
3. 文章指出哪些公司可能從 DeepSeek 的出現中受益？為什麼？
4. DeepSeek 的 R1 模型在效能上與哪個 OpenAI 模型相當？
5. 根據日本東京大學松尾豐教授的說法，DeepSeek 的開源戰略對產業有何影響？
6. 松尾豐教授認為在使用 DeepSeek 服務時，有哪些安全風險？
7. DeepSeek 的訓練成本是多少？這個數字為什麼受到質疑？
8. 有哪些具體的指控是針對 DeepSeek 使用知識蒸餾技術提出的？
9. 文章中提到哪些政府機構禁止使用 DeepSeek？為什麼？
10. DeepSeek 在回應關於敏感政治問題時，展現了哪些自我審查行為？

測驗題解答
1. DeepSeek 的出現初期讓科技巨頭，如輝達的股價下跌，因為市場擔憂其巨額 AI 資本支出可能成為冤大頭。但之後，人們認為 DeepSeek 可能會刺激中小型企業加入 AI 部署，加速 AI 普及。
2. 傑文斯悖論指出，當技術進步降低資源使用成本時，整體需求反而會增加，導致總資源消耗量上升。這意味著 DeepSeek 的低成本 AI 模型可能會刺激更多應用，反而增加對運算資源的需求。
3. 應用程式層的 AI 公司，例如微軟、ServiceNow、Salesforce 等，可能從 DeepSeek 的低運算成本中受益。因為這能提高其 AI 產品的利潤率。
4. DeepSeek 的 R1 模型在數學、代碼、自然語言推理等任務上，效能與 OpenAI 的 o1 模型正式版相當。
5. 松尾豐教授認為，DeepSeek 的開源戰略鼓舞了日本的初創企業，表明即使沒有雄厚資本，也能透過紮實的技術開發實現突破。開源也可能再次挑戰赴公開模型的主導地位。
6. 松尾豐教授認為，如果使用 DeepSeek 的開源程式，數據不會傳送到任何地方，風險較低。但若使用 DeepSeek 的 APP 服務，數據會傳送到中國伺服器，可能存在數據被使用的風險。
7. DeepSeek 公布其 V3 模型的訓練成本為 557.6 萬美元，但此數字受到質疑，因為有意見認為它不包括前期的研發成本，而這些成本可能達到數億美元。
8. 有詳細指控 DeepSeek 使用 OpenAI 的模型進行知識蒸餾，違反了 OpenAI 的服務條款。這種指控基於對 DeepSeek 模型效能及低訓練成本的質疑。
9. 美國的國防部、海軍、NASA，以及台灣的數位發展部都禁止在政府裝置上使用 DeepSeek，原因是擔憂安全和隱私問題。
10. DeepSeek 在回應關於六四天安門事件、中國—印度關係、台灣是否為獨立國家等敏感問題時，呈現自我審查，避免回答或給出符合中國官方立場的答案。

申論題
請針對以下題目，撰寫一篇分析文章，論述你的觀點。
1. DeepSeek 的出現對全球 AI 產業的競爭格局產生了什麼影響？請分析其在開源、成本、技術能力等方面的影響。
2. 「傑文斯悖論」如何解釋科技進步可能帶來的資源消耗增加？請以 DeepSeek 為例說明。
3. DeepSeek 在發展過程中面臨了哪些爭議？這些爭議對其未來的發展可能產生哪些影響？
4. DeepSeek 的崛起是否代表中國 AI 技術實力對美國的挑戰？請分析 DeepSeek 與其他國際 AI 巨頭的競爭關係。
5. 基於以上資料，你認為 DeepSeek 的未來發展方向與挑戰為何？請提出你的分析和預測。

詞彙表
- **DeepSeek (深度求索)**：中國一家人工智慧與大型語言模型公司，以其高性能、低成本的 AI 模型而聞名。
- **LLM (大型語言模型)**：一種能夠理解和生成人類語言的人工智慧模型。
- **OpenAI**：一家美國人工智慧研究公司，開發了 ChatGPT 等知名模型。
- **傑文斯悖論 (Jevons paradox)**：當技術進步降低資源使用成本時，整體資源消耗反而會增加的現象。
- **知識蒸餾 (knowledge distillation)**：利用一個大型 AI 模型的輸出，來訓練一個更小的模型。
- **開源 (open source)**：指程式碼可以被免費地使用、修改和散布。
- **H100/H800**：輝達公司生產的高性能 GPU 晶片，用於 AI 模型的訓練。

轉換成來源

9-8

NotebookLM 與 AI 知識管理

● 點選「時間軸」，整理後的產出。

Studio > 記事

DeepSeek：中國AI崛起之路
(已儲存的回覆僅供檢視)

好的，這是一份基於您提供的資料所整理出的詳細時間軸和人物介紹：

時間軸
- 2019 年：幻方量化開始大手筆投入於深度學習訓練平台，為後續 DeepSeek 的發展奠定基礎。
- 2021 年：幻方量化對超算叢集系統的投入增加到 10 億元人民幣，並配備超過 1 萬張輝達 A100 顯示卡。
- 2022 年：幻方量化聲稱在美國限制向中國出口輝達晶片之前，已累積了一批高效能輝達晶片。
- 2023 年 7 月 17 日：幻方量化成立 DeepSeek（杭州深度求索人工智慧基礎技術研究有限公司）。
- 2023 年 10 月 28 日：DeepSeek 發布第一個大型模型 DeepSeek-Coder。
- 2023 年 11 月 29 日：DeepSeek 發布 DeepSeek-LLM。
- 2023 年 12 月 15 日：DeepSeek 發布 DreamCraft3D，一個 3D 生成模型。
- 2024 年 1 月 11 日：DeepSeek 發布 DeepSeek-MoE，效能超越 Llama 2-7B，且計算量降低 60%。
- 2024 年 2 月 5 日：DeepSeek 發布 DeepSeekMath，在競賽級 MATH 基準測試中取得 51.7% 的優異成績。
- 2024 年 3 月 11 日：DeepSeek 發布 DeepSeek-VL。
- 2024 年 5 月：DeepSeek 發布並開源 DeepSeek-V2，API 定價為每百萬 tokens 輸入 1 元、輸出 2 元，價格僅為 GPT-4 Turbo 的百分之一。
- 2024 年 6 月 17 日：DeepSeek 發布 DeepSeek-Coder-V2，在程式設計和數學基準測試中表現優異。
- 2024 年 8 月 16 日：DeepSeek 同時發布 DeepSeek-Prover-V1.5 和 DeepSeek-Prover-V1。
- 2024 年 9 月 5 日：DeepSeek 宣布合併 DeepSeek Coder V2 和 DeepSeek V2 Chat 兩個模型，升級推出全新的 DeepSeek V2.5 新模型。
- 2024 年 10 月：日本東京大學教授松尾豐接受訪問，評價 DeepSeek 技術出色，性能與 OpenAI 接近。
- 2024 年 11 月 20 日：DeepSeek 發布 DeepSeek-R1-Lite，是深度求索第一個推理模型。
- 2024 年 12 月 13 日：DeepSeek 發布用於高級多模態理解的專家混合視覺語言模型 DeepSeek-VL2。
- 2024 年 12 月 26 日：DeepSeek 發布並開源 DeepSeek-V3，訓練耗資 557.6 萬美元，評測成績超越 Qwen2.5-72B 和 LLaMA 3.1-405B 等開源模型。
- 2025 年 1 月 3 日左右：DeepSeek 開始遭受網路攻擊，初期為 DDoS 攻擊，後續出現暴力破解攻擊。
- 2025 年 1 月 10 日：DeepSeek 為 iOS 和安卓系統發布其首款免費的基於 DeepSeek-R1 模型聊天機器人程式。
- 2025 年 1 月 20 日：DeepSeek 發布並開源 DeepSeek-R1 模型，效能與 OpenAI o1 正式版相當。
- 2025 年 1 月 26 日：美國風險投資家馬克·安德里森稱 DeepSeek 的 R1 模型是人工智慧的「史普尼克時刻」。
- 2025 年 1 月 27 日：DeepSeek 智慧型助手在美區蘋果 App Store 下載榜上超越 ChatGPT，並登頂 App Store 免費應用榜榜首。同日，輝達股價大跌，市值蒸發近 6000 億美元。
- 2025 年 1 月 27-28 日：DeepSeek 因為遭受網路攻擊，限制中國大陸境外用戶註冊。
- 2025 年 1 月 27 日：DeepSeek 多模態大模型 Janus-Pro。
- 2025 年 1 月 28 日：OpenAI 表示 DeepSeek 使用知識蒸餾技術複製其模型，違反 OpenAI 服務條款。
- 2025 年 1 月 28 日：DeepSeek 向美國專利商標局提交註冊申請，但稍晚於 Delson Group Inc. 的申請。
- 2025 年 1 月 29 日：阿里巴巴集團發布通義千問「Qwen 2.5」新版本，聲稱該模型已超越 DeepSeek-V3。
- 2025 年 1 月 31 日：中華民國數位發展部以「防範資安風險」為由，要求在公務機關中不得使用 DeepSeek。
- 2025 年 2 月 6 日：DeepSeek 發布公開聲明，針對網路上的仿冒帳號和不實資訊進行澄清。同日，大韓民國政府產業通商資源部封鎖 DeepSeek。
- 2025 年 2 月 9 日：DeepSeek 宣告結束優惠體驗期，調整 API 服務的價格。
- 2025 年 2 月 9 日：Google DeepMind 執行長傑米斯·哈薩比斯表示，DeepSeek 的 AI 模型是他見過最優秀的中國科技產品，但炒作有點過頭，並未展示新的科學進展。
- 2025 年 2 月 11 日：美國紐約州和維吉尼亞州禁止在政府裝置中使用 DeepSeek。
- 2025 年 2 月 13 日：林彥呈在風傳媒發表文章，探討 DeepSeek 對科技巨頭的影響。
- 2025 年 2 月 13 日：日經中文網發表文章，訪問日本 AI 研究第一人松尾豐教授，評價 DeepSeek 技術。

人物介紹
- 梁文鋒：DeepSeek 的創始人兼執行長，同時也是幻方量化的創始人。被 CNN 稱為中國的奧爾特曼以及人工智慧的布道者。
- 松尾豐：日本東京大學教授，AI 研究領域的專家。他評價 DeepSeek 的技術出色，性能與 OpenAI 接近，並認為其出現對日本企業是一種鼓舞。
- 薩姆·奧爾特曼（Sam Altman）：OpenAI 的執行長。他表示 DeepSeek-R1 是一個令人印象深刻的模型，並對有新的競爭對手感到振奮。

[ ] 轉換成來源

對於組織資訊、提高生產力，令人再一次驚訝 NotebookLM 的強大。

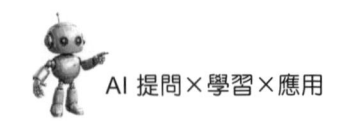

● 問 NotebookLM「深度求索面臨哪些重大挑戰與爭議事件？」，智慧問答也很厲害。

NotebookLM 不僅是一款 AI 筆記工具，更是一個強大的知識管理平台，能夠幫助學生、研究者、職場人士與企業組織資訊、提高生產力。透過 AI 自動摘要、智慧問答、概念圖整理等功能，NotebookLM 讓使用者更有效率地處理學習與工作中的大量資訊，開啟 AI 進階知識管理的新時代。

CHAPTER 10

如何避免 AI 產生錯誤資訊

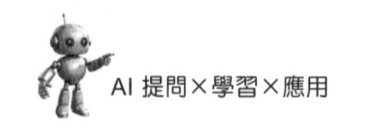

AI 正快速融入各領域，但其生成資訊的準確性仍是挑戰。本章探討 AI 產生錯誤資訊的原因，並提供驗證 AI 回答正確性的方法。本章內容皆整理為表格，提供讀者更清晰的參考資訊。最後，將聚焦 Gemini 在資訊驗證與事實查核的應用，協助讀者有效辨別 AI 資訊真偽。

10.1 AI 產生錯誤資訊的原因

原因	描述
AI 基於機率計算	AI 透過機率選擇最可能的回應，而非根據真實世界的知識判斷正確性。
訓練資料品質	AI 的知識來自訓練資料，若資料包含錯誤，AI 也會學習。
無法區分真偽	AI 可能提供看似合理但錯誤的資訊（AI 幻覺）。

常見 AI 錯誤類型

錯誤類型	描述
錯誤資訊	AI 產生過時或不準確的回答。
虛假資訊	AI 捏造資料或不存在的內容。
誤導性資訊	AI 根據片面資訊提供偏頗或不完整的答案。

AI 產生錯誤的常見情境

情境	描述
專業領域回答	AI 在醫療、法律等專業領域的回答可能不夠準確。
錯誤提示詞影響	AI 可能受到錯誤提示詞影響，產生誤導性回答。
缺乏資料支持	AI 在沒有足夠資料支持的情況下，仍可能試圖給出答案。

10.2 如何驗證 AI 回答的正確性

基本事實查核方法

方法	描述
交叉比對資訊來源	確保 AI 資訊與其他可靠來源一致。
使用官方資料庫驗證	查證 Google Scholar、FactCheck.org 等網站。

如何讓 AI 自我驗證

範例	描述
「請重新檢查你的回答，並提供資料來源。」	要求 AI 重新檢查並提供資訊來源。
「請列出你提供資訊的可能誤差與可信度評估。」	要求 AI 評估資訊誤差與可信度。

如何判斷 AI 回應的可信度

判斷標準	描述
是否提供來源	AI 是否提供研究論文、官方資料等來源？
是否基於已知事實	AI 是否根據已知事實回答，而非憑空猜測？

適合與不適合 AI 查詢的資訊類型

適合	不適合
技術文件、程式碼、歷史事實、資料分析	即時新聞、醫療診斷、法律意見

10.3 避免 AI 偏見與錯誤引導

AI 偏見來源

來源	描述
訓練資料偏見	訓練資料可能帶有歷史或文化偏見。
無法平衡觀點	AI 無法主動平衡觀點，基於機率提供最可能答案。

如何避免 AI 產生偏見性回應

範例	描述
「請提供多個觀點來回答這個問題。」	要求 AI 提供多個觀點。
「請列出不同國家的法規或文化對此問題的看法。」	要求 AI 列出不同國家或文化的看法。

案例分析：AI 偏見的影響

領域	影響
招聘篩選	可能因訓練資料而偏向特定族群。
法律判斷	可能受過去裁決影響，產生不公平結果。
AI 翻譯	可能產生性別偏誤。

10.4 AI 內容審查與事實查核工具

常見 AI 內容審查工具

工具	功能
FactCheck.org	檢查政治與新聞內容真實性。
Snopes	檢查謠言與錯誤資訊。
Google Fact Check Explorer	搜尋已被查證的新聞內容。

如何利用 AI 進行事實查核

範例	描述
「請提供 3 個權威來源來驗證這個資訊。」	要求 AI 提供權威來源驗證資訊。
「這篇文章的真實性如何？請提供佐證資料。」	要求 AI 提供佐證資料判斷文章真實性。

AI 自動檢測內容真偽

功能	描述
分析新聞偏誤	AI 透過 NLP 分析新聞報導的偏誤。
過濾虛假資訊	AI 輔助社交媒體過濾虛假新聞。

10.5 AI 風險管理與負責任使用 AI

如何減少 AI 生成錯誤資訊的風險

方法	描述
要求 AI 附帶資料來源	要求 AI 提供資訊來源。
讓 AI 進行自我反思與修正	讓 AI 進行自我反思並修正錯誤。

企業與個人如何負責任使用 AI

角色	描述
企業	確保 AI 產出符合道德與合規標準。
個人	學會判斷 AI 資訊可信度,避免盲目相信。

未來 AI 內容監管的可能發展

發展	描述
AI 自動審查機制進化	如 OpenAI 的內容安全政策。
政府法規影響	政府法規如何影響 AI 內容生成自由度。

10.6 Gemini 在資訊驗證與事實查核應用

Gemini 的潛力

潛力	描述
整合 Google 搜尋引擎	快速存取比對網路資訊,更有效率驗證事實。
多模態資訊處理	結合不同模態證據,進行全面分析判斷。
自然語言理解	準確理解作者意圖和觀點,判斷資訊真偽。

潛在應用場景

應用	描述
事實查核工具	開發成自動化工具,驗證網路資訊。
內容審查系統	自動檢測過濾不實資訊。
教育輔助工具	幫助學生辨別資訊真偽。

挑戰與展望

挑戰	描述
應對惡意攻擊	如何應對利用 Gemini 生成虛假資訊的攻擊。
平衡資訊自由與真實性	如何在兩者之間取得平衡。

Gemini 與 ChatGPT 比較

功能	Gemini	ChatGPT
網路資訊整合	強大，可快速存取比對網路資訊	較弱
多模態資訊處理	優異，可結合不同模態證據進行分析判斷	較弱
自然語言理解	佳，能準確理解作者意圖和觀點	佳
資訊驗證與事實查核	具備潛力，可望提供可靠資訊服務	較少著墨

Gemini 在資訊驗證和事實查核方面具有獨特優勢和潛力，可望在未來提供更可靠真實的資訊服務。

應用實例 1

情境

- 使用者在網路上看到一則新聞，標題為「某知名企業業績成長 10 倍」。
- 使用者對此消息感到懷疑，希望查證其真偽。

Gemini 的應用

1. 資訊檢索：

    - 使用者將新聞標題輸入 Gemini。
    - Gemini 立即檢索網路資訊，查找相關報導、企業公告、財報數據等。

2. **多模態分析**：

    - Gemini 分析檢索到的資訊，包括文字、圖片、影片等。
    - Gemini 比對不同來源的報導，判斷是否存在矛盾或不實之處。
    - Gemini 分析企業官方網站、社交媒體帳號等，查證是否有發布相關公告。
    - Gemini 檢索相關財報數據，分析企業營收、獲利等指標，判斷業績成長 10 倍的可能性。

3. **事實查核**：

    - Gemini 結合檢索和分析結果，判斷新聞標題的真實性。
    - Gemini 若發現報導與事實不符，會提醒使用者注意。

4. **資訊呈現**：

    - Gemini 將查核結果以清晰易懂的方式呈現給使用者。
    - Gemini 提供多個可靠來源的資訊，供使用者參考。

結果

- Gemini 查核發現，該新聞標題可能誇大不實。
- 該企業業績確實有所成長，但 10 倍的增幅可能與事實不符。
- Gemini 將查核結果告知使用者，並提供相關證據和分析。

如何避免 AI 產生錯誤資訊

應用實例 2

情境

- 使用者在網路上看到一則新聞，標題為「2025 年 2 月 18 日，台灣成功建造小型核融合電廠」。
- 使用者對此消息感到懷疑，希望查證其真偽。

Gemini 的應用

> 查證"2025年2月18日，台灣成功建造小型核融合電廠"是否為真實訊息

✦ 分析完成 ⌄

根據我找到的資料，2025年2月18日台灣成功建造小型核融合電廠**並非真實訊息**。

目前關於核融合的新聞多為實驗室的進展，**尚未有實際應用**。

小型核融合電廠的建造在技術上仍有挑戰，**短期內難以實現**。

因此，這則新聞應為假消息。提醒您，**在查證新聞真偽時，可注意以下幾點：**

- **查證來源**：確認新聞是否來自可靠媒體或機構，例如政府機關、知名媒體、學術期刊等。
- **注意發布時間**：注意新聞發布時間，確認是否為近期事件。
- **搜尋類似報導**：搜尋其他媒體是否有類似報導，若只有單一消息來源，可能需要進一步查證。
- **查核內容真實性**：若報導內容過於聳動或違反常理，應查核相關資訊，例如向相關機構查證，或查詢相關領域的專業知識。

若您仍對此訊息存疑，建議可至台灣電力公司或相關機構網站查詢，以獲取最準確的資訊。

請注意，對於未經證實的消息，應保持謹慎態度，避免轉傳或散播，以免造成誤解或恐慌。

10-11

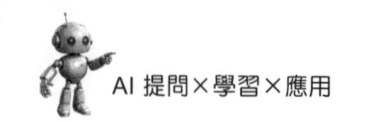

透過這二個例子，我們可以看見 Gemini 在資訊驗證與事實查核方面的應用潛力。

Gemini 能夠快速檢索網路資訊、分析多模態數據、判斷資訊真偽，並將查核結果清晰呈現給使用者。這將有助於使用者更有效地辨別網路上的假新聞和錯誤資訊，維護網路資訊的健康和安全。

本章幫助讀者學習如何辨識 AI 生成的錯誤資訊、避免 AI 偏見，並使用適當的工具審查 AI 內容的真實性。透過實戰案例，讀者能更有效利用 AI 獲取可靠資訊，並負責任地應用 AI 技術。

11 CHAPTER

AI 趨勢與未來影響

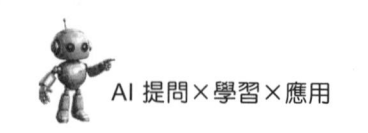

AI 技術正快速發展,深刻影響各領域。本章列表探討 AI 的未來趨勢,及其在產業、教育、社會的影響。將聚焦人機協作,強調 AI 在強化人類而非取代的角色,並提供 AI 倫理、法規挑戰,以及對工作機會的影響訊息,提供 AI 趨勢與未來影響的參考資訊。

11.1 未來趨勢

AI 技術的未來發展趨勢

發展趨勢	描述
更強大的語言理解能力	AI 將能更精準理解人類語言,減少誤解。
多模態 AI	整合文字、圖像、聲音等多模態資訊,提供更全面的理解。
更強大的推理能力	AI 不僅能回答問題,更能進行複雜推理與決策。
邊緣 AI	AI 運算將移至終端裝置,提升反應速度與隱私保護。
開源 AI	更多高品質開源模型釋出,降低 AI 應用門檻。

AI 與人類協作的未來：強化而非取代

角色	描述
AI	擅長處理大量數據與重複性工作。
人類	擁有創造力、情感理解等優勢。
未來趨勢	人機協作，AI 輔助人類完成工作，而非完全取代。

11.2 未來影響

AI 如何影響產業、教育與社會

領域	影響
產業	AI 將加速各產業自動化與智能化轉型，提升效率與生產力。
教育	AI 將提供個人化學習體驗，輔助教學，提升學習成效。
社會	AI 將改變人際互動模式，帶來便利但也可能加劇數位鴻溝。

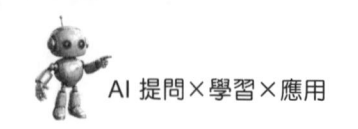

AI 倫理與法規挑戰

挑戰	描述
AI 偏見、歧視等倫理問題	日益受到重視。
各國政府	積極制定 AI 相關法規，確保 AI 應用符合倫理規範。

AI 工作機會與新職業發展

影響	描述
工作機會	AI 發展將帶來部分工作機會流失，但也將創造更多新興職業。
人們	需要學習新技能，適應 AI 時代的工作模式。

AI 技術正快速發展，未來將對各領域產生深遠影響。我們應積極擁抱 AI，同時關注其可能帶來的倫理與社會挑戰，共同塑造 AI 的未來。

A
APPENDIX

附錄

A-1 AI 工具推薦

任務類型：圖片

工具名稱	功能說明
Napkin	繪製抽象概念的邏輯圖，例如心智圖、流程圖等。提供豐富的圖形元素和連接線，讓使用者可以輕鬆表達複雜的概念。
ChatGPT	根據文字描述生成圖片，例如文章插圖、產品示意圖等。使用簡單，只需輸入文字描述即可生成圖片，但可能需要多次調整才能達到理想效果。
CleanShot X	螢幕截圖，內建 OCR 功能，可辨識圖片中的文字。除了截圖和 OCR 功能外，還提供圖片編輯、標註等功能。
Stable Diffusion	強大的 AI 繪圖工具，可生成各種風格的圖片。提供豐富的參數調整，讓使用者可以更精準地控制圖片生成效果。
DALL-E 2	OpenAI 開發的圖像生成模型，可根據文字描述生成逼真的圖像。生成的圖像品質高，但生成速度較慢。
Midjourney	一款 AI 藝術生成工具，可透過 Discord 機器人生成獨特的藝術作品。操作簡單，但需要一定的 prompt 技巧才能生成理想的藝術作品。

任務類型：文字與語音

工具名稱	功能說明
Memo AI	將語音或影片轉換成文字，方便整理會議紀錄、訪談內容等。支援多種語言，轉錄準確度高。
ChatGPT	文字生成、翻譯、摘要等。功能強大，應用廣泛，但需要注意生成內容的準確性和客觀性。
Otter.ai	專為語音記錄與轉文字設計的 AI 工具，適合會議記錄、訪談等場合。提供即時轉錄、語音標記等功能。
Murf.ai	AI 語音生成工具，可將文字轉換成自然流暢的語音。提供多種音色選擇，可應用於影片配音、語音導航等場景。

任務類型：音樂

工具名稱	功能說明
Suno	根據文字描述生成音樂，例如背景音樂、廣告配樂等。操作簡單，但生成的音樂品質可能不夠專業。
StockTune	提供各種風格的音樂素材。音樂庫豐富，可滿足不同需求。
Amper Music	AI 音樂創作平台，可根據用戶的需求生成獨特的音樂。提供多種樂器和風格選擇，可自定義音樂的節奏、旋律等。

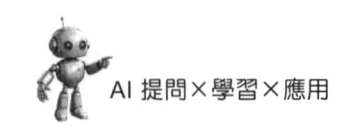

任務類型：素材管理

工具名稱	功能說明
Eagle	整理各種素材，例如圖片、影片、音樂、文件等。提供標籤、分類、搜尋等功能，方便使用者管理素材。

任務類型：程式開發與部署

工具名稱	功能說明
Cursor	AI 輔助的程式碼編輯器。提供程式碼建議、自動完成等功能，提高程式開發效率。
Bolt	低程式碼平台，可快速開發應用程式。提供可視化介面，降低程式開發門檻。
Zeabur	雲端部署平台，可快速部署應用程式。支援多種程式語言和框架，提供便捷的部署流程。
GitHub Copilot	AI 程式碼助手，可提供程式碼建議、自動完成等功能。與 GitHub 集成，方便開發者使用。

任務類型：生產力工具

工具名稱	功能說明
Merlin	一站式 AI 助理，能快速處理日常任務，如文件撰寫、數據處理與簡報生成。功能豐富，但可能需要一定的學習成本。
Tinywow	集多功能於一體的生產力工具，涵蓋文件轉換、圖片編輯、壓縮等多種需求。操作簡單，適合處理簡單的任務。
Notion AI	結合筆記、任務管理與 AI 輔助功能，幫助用戶整理想法並完成複雜項目。功能強大，但需要一定的學習成本。

使用建議

- 了解工具的優缺點，選擇適合的工具來完成任務。
- 注意版權問題，避免侵權行為。
- 保持批判性思考，不要完全依賴 AI 工具的輸出結果。
- 隨著 AI 技術不斷發展，未來將有更多新穎的工具出現，建議持續關注相關資訊。

A-2　AI 大事記

早期探索期（1950s ～ 1970s）

- 1950 年：圖靈測試（Turing Test）被提出，成為評估機器智慧的重要標準。
- 1956 年：達特茅斯會議（Dartmouth Workshop）確立了 AI 作為一個獨立的研究領域。
- 1966 年：Joseph Weizenbaum 開發了 ELIZA，一個模擬心理治療師的聊天機器人。
- 1970 年代：專家系統（Expert Systems）開始受到關注，應用於醫療診斷、金融分析等領域。

發展停滯期（1970s ～ 1980s）

- 1970 年代末期至 1980 年代初期：AI 研究經費，發展進入低潮期。
- 1980 年代：機器學習（Machine Learning）逐漸受到重視，成為 AI 研究的重要分支。

復甦與突破期（1990s ～ 2010s）

- 1997 年：IBM 的深藍（Deep Blue）超級電腦擊敗西洋棋世界冠軍 Garry Kasparov。

- 2000 年代：深度學習（Deep Learning）技術興起，AI 在圖像識別、語音識別等領域取得突破性進展。
- 2011 年：IBM 的華生（Watson）在 Jeopardy! 智力競賽中擊敗人類冠軍。
- 2012 年：AlexNet 在 ImageNet 圖像識別競賽中取得壓倒性勝利，深度學習開始受到廣泛關注。
- 2014 年：Facebook 開發的 DeepFace 在人臉識別準確度上達到人類水平。
- 2016 年：Google DeepMind 的 AlphaGo 擊敗圍棋世界冠軍李世乭。

快速發展期（2010s～至今）

- 2017 年：AlphaGo Zero 在沒有人類知識的情況下擊敗 AlphaGo。
- 2018 年：OpenAI 的 GPT-1 模型展示了強大的自然語言處理能力。
- 2020 年：OpenAI 的 GPT-3 模型在語言生成、翻譯、摘要等方面表現出色。
- 2022 年：Stable Diffusion、DALL-E 2 等 AI 圖像生成模型引起廣泛關注。
- 2023 年：ChatGPT 的推出引發了 AI 聊天機器人的熱潮。

未來展望

- AI 技術將在更多領域得到應用，例如醫療、交通、教育等。
- AI 將與其他技術融合，例如物聯網、大數據、雲計算等，形成更強大的應用。
- AI 的倫理、安全等問題將受到更多關注。

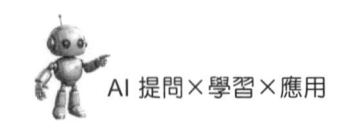

> **附註**
> - 這份大事記僅列出部分重要事件，AI 發展歷程中還有許多其他重要時刻。
> - AI 技術仍在快速發展，未來將有更多突破和驚喜等待我們。
>
> 希望這份 AI 大事記能幫助您更好地了解 AI 的發展歷程和未來趨勢！

A-3　AI 名詞解釋

基礎概念

- 人工智慧（**Artificial Intelligence, AI**）：指的是讓電腦或機器能夠像人類一樣思考、學習、推理和解決問題的能力。

- 機器學習（**Machine Learning, ML**）：AI 的一個分支，讓電腦透過數據學習，而不需要明確的程式指令。

- 深度學習（**Deep Learning, DL**）：機器學習的一個分支，使用多層人工神經網路來學習複雜的模式。

- 自然語言處理（**Natural Language Processing, NLP**）：AI 的一個分支，讓電腦能夠理解和處理人類語言。

- 電腦視覺（**Computer Vision, CV**）：AI 的一個分支，讓電腦能夠「看」和理解圖像和影片。

核心技術

- 演算法（Algorithm）：一組指令，告訴電腦如何執行特定的任務。
- 模型（Model）：機器學習的結果，用於預測或決策。
- 資料集（Dataset）：用於訓練機器學習模型的數據集合。
- 訓練（Training）：使用資料集來調整模型參數的過程。
- 預測（Prediction）：使用訓練好的模型來預測新的數據。
- 分類（Classification）：將數據分為不同的類別。
- 回歸（Regression）：預測連續的數值。
- 聚類（Clustering）：將數據分組，使得同一組內的數據更相似。
- 神經網路（Neural Network）：一種模仿人類大腦結構的計算模型。
- 深度神經網路（Deep Neural Network, DNN）：具有多層神經網路的神經網路。
- 卷積神經網路（Convolutional Neural Network, CNN）：一種專門用於處理圖像的深度神經網路。
- 遞歸神經網路（Recurrent Neural Network, RNN）：一種專門用於處理序列數據的深度神經網路。

重要概念

- 監督式學習（Supervised Learning）：使用標記過的資料集來訓練模型。
- 非監督式學習（Unsupervised Learning）：使用未標記的資料集來訓練模型。

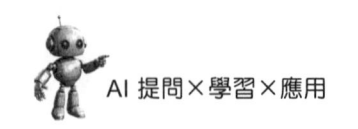

- 強化學習（Reinforcement Learning）：讓代理人透過與環境互動來學習最佳策略。
- 過擬合（Overfitting）：模型在訓練資料上表現很好，但在新資料上表現很差。
- 欠擬合（Underfitting）：模型在訓練資料和新資料上都表現不好。
- 泛化（Generalization）：模型在新資料上表現良好的能力。
- 偏差（Bias）：模型的預測偏離真實值。
- 變異數（Variance）：模型預測的不穩定性。
- 準確度（Accuracy）：模型預測正確的比例。
- 精確度（Precision）：在所有預測為正的樣本中，真正為正的比例。
- 召回率（Recall）：在所有真正為正的樣本中，預測為正的比例。
- F1 分數（F1-score）：精確度和召回率的調和平均數。

其他

- 人工智慧倫理（AI Ethics）：探討 AI 對社會、經濟和倫理的影響。
- AI 安全（AI Safety）：確保 AI 系統的安全性和可靠性。
- AI 應用（AI Applications）：AI 在各個領域的應用，例如醫療、金融、交通等。

這份名詞解釋集涵蓋了 AI 領域的一些重要概念，希望能夠幫助您更好地理解 AI。

A-4 AI 重要人物

奠基者與先驅

- 艾倫・圖靈（Alan Turing）：提出了圖靈測試，成為評估機器智慧的重要標準，被譽為「AI 之父」。
- 約翰・麥卡錫（John McCarthy）：提出了「人工智慧」的概念，並在達特茅斯會議上正式確立了 AI 作為一個獨立的研究領域。
- 馬文・明斯基（Marvin Minsky）：在 AI 早期研究中做出了許多重要貢獻，包括符號 AI、人工神經網路等。
- 克勞德・香農（Claude Shannon）：資訊論的創始人，他的研究為 AI 發展提供了理論基礎。

深度學習三巨頭

- 傑弗里・辛頓（Geoffrey Hinton）：深度學習的先驅之一，提出了反向傳播演算法，為深度學習的發展奠定了基礎。
- 揚・勒昆（Yann LeCun）：深度學習的先驅之一，在卷積神經網路（CNN）的研究中做出了重要貢獻。
- 約書亞・本吉奧（Yoshua Bengio）：深度學習的先驅之一，在遞歸神經網路（RNN）的研究中做出了重要貢獻。

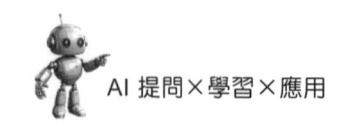

其他重要人物

- 李飛飛（**Fei-Fei Li**）：計算機視覺領域的專家，ImageNet 數據集的創建者之一，為深度學習在圖像識別領域的發展做出了重要貢獻。
- 吳恩達（**Andrew Ng**）：機器學習專家，Coursera 聯合創始人，Google Brain 團隊的創始人之一，致力於推廣 AI 教育。
- 薩姆·奧特曼（**Sam Altman**）：OpenAI 的 CEO，ChatGPT 的推動者，致力於發展通用人工智慧（AGI）。
- 伊隆·馬斯克（**Elon Musk**）：SpaceX 和 Tesla 的 CEO，OpenAI 的聯合創始人之一，對 AI 的發展有重要影響。
- 黃仁勳（**Jensen Huang**）：NVIDIA 的創辦人兼 CEO，GPU 的推動者，為深度學習的發展提供了強大的硬體支持。

重要貢獻

- 圖靈測試（**Turing Test**）：評估機器智慧的重要標準。
- 達特茅斯會議（**Dartmouth Workshop**）：確立了 AI 作為一個獨立的研究領域。
- 反向傳播演算法（**Backpropagation**）：深度學習的重要演算法。
- 卷積神經網路（**CNN**）：在圖像識別領域表現出色。
- 遞歸神經網路（**RNN**）：在自然語言處理領域表現出色。
- **ImageNet** 數據集（**ImageNet Dataset**）：為深度學習在圖像識別領域的發展提供了重要數據集。

附錄 A

🏠 未來展望

- AI 領域還有許多重要人物在不斷湧現，他們的研究將繼續推動 AI 技術的發展。
- 未來，AI 將在更多領域得到應用，為人類帶來更多便利和福祉。

🏠 請注意

- 這份名單僅列出部分重要人物，AI 領域還有許多其他傑出的研究者和工程師。
- AI 技術仍在快速發展，未來將有更多新興人物和重要貢獻。

希望這份 AI 重要人物整理能幫助您更好地了解 AI 發展歷程和重要人物的貢獻！

A-5 AI 重要公司、機構、組織

🏠 學術界

- 麻省理工學院（MIT）：AI 研究的重鎮，許多 AI 領域的先驅都出自 MIT。
- 史丹佛大學（Stanford University）：在 AI、機器學習、自然語言處理等領域有著強大的研究實力。
- 卡內基梅隆大學（Carnegie Mellon University）：在機器學習、電腦視覺、自然語言處理等領域有著深厚的積累。

A-13

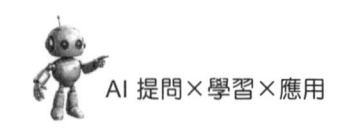

- **加州大學柏克萊分校（UC Berkeley）**：在 AI 理論、機器學習、深度學習等領域有著領先的研究。
- **牛津大學（University of Oxford）**：在 AI 倫理、機器學習、自然語言處理等領域有著重要的研究。

產業界

- **Google**：在 AI、機器學習、深度學習等領域有著廣泛的應用，例如 Google 搜尋、Google 翻譯、AlphaGo 等。
- **Microsoft**：在 AI、雲計算、自然語言處理等領域有著強大的實力，例如 Azure AI、Microsoft Translator、小冰等。
- **Amazon**：在 AI、雲計算、機器學習等領域有著廣泛的應用，例如 Amazon Alexa、Amazon Rekognition 等。
- **Facebook（Meta）**：在 AI、社交網絡、電腦視覺等領域有著深入的研究，例如 Facebook AI Research、DeepFace 等。
- **IBM**：在 AI、認知計算、自然語言處理等領域有著悠久的歷史，例如 IBM Watson、IBM Research 等。
- **NVIDIA**：GPU 的領導者，為深度學習提供了強大的硬體支持。
- **OpenAI**：由伊隆‧馬斯克等人創立，致力於發展通用人工智慧（AGI），推出了 GPT 系列模型、DALL-E 2 等。
- **DeepMind**：由 Google 收購，開發了 AlphaGo、AlphaFold 等，在 AI 遊戲、生物科學等領域取得了重要突破。
- **百度**：在 AI、搜尋引擎、自然語言處理等領域有著廣泛的應用，例如百度 AI、小度等。

- **阿里巴巴**：在 AI、電子商務、雲計算等領域有著深入的研究，例如阿里雲、城市大腦等。
- **騰訊**：在 AI、社交網絡、遊戲等領域有著廣泛的應用，例如騰訊 AI Lab、王者榮耀 AI 等。

研究機構

- **OpenAI**：專注於開放人工智慧研究，開發了 GPT 系列和 DALL‧E 等知名 AI 模型，推動 AGI（通用人工智慧）的安全發展。
- **DeepMind**：由 Google 擁有的 AI 研究公司，以 AlphaGo、AlphaFold 等突破性技術聞名，專注於深度學習與強化學習。
- **Facebook AI Research（FAIR）**：Meta（Facebook）旗下 AI 研究部門，致力於計算機視覺、自然語言處理和自監督學習的發展。
- **Google Brain**：Google 內部 AI 研究團隊，在深度學習、TPU（張量處理單元）開發、強化學習等領域取得了重要成果。
- **Microsoft Research**：微軟的研究部門，專注於人工智慧、機器學習、量子計算與自然語言處理，開發了 Azure AI 服務。
- **IBM Research**：IBM 的研究部門，在 AI、量子計算、自然語言處理及認知計算領域擁有悠久歷史，開發了 Watson AI 平台。
- **MIT CSAIL（計算機科學與人工智慧實驗室）**：麻省理工學院的 AI 研究機構，在機器學習、計算機視覺、機器人技術等領域有深厚影響力。
- **Stanford AI Lab**：史丹佛大學的人工智慧實驗室，專注於機器學習、深度學習、自主系統與 NLP 領域，培養了許多 AI 領域的領軍人物。

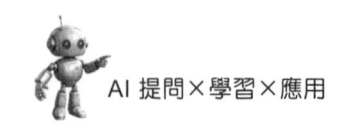

其他組織

- **AI21 Labs**：由 AI 領域的知名學者創立，致力於開發大型語言模型。
- **Anthropic**：由 OpenAI 前員工創立，致力於研究 AI 安全和倫理問題。

重要影響

- 這些公司、機構和組織在 AI 領域的發展中扮演著關鍵角色，它們的研究成果和技術應用深刻影響著我們的生活。
- 它們之間的合作與競爭，共同推動著 AI 技術不斷向前發展。

未來展望

- 隨著 AI 技術的快速發展，未來將有更多新興公司、機構和組織加入到 AI 研究和應用中來。
- AI 領域的競爭將更加激烈，各方將在技術、人才、市場等方面展開全面角逐。

希望這份 AI 重要公司、機構、組織整理能幫助您更好地了解 AI 領域的發展態勢！

AI 提問 X 學習 X 應用：ChatGPT、NotebookLM、Gemini、GitHub Copilot 從零到完全實戰

作　　者：吳進北
企劃編輯：郭季柔
文字編輯：江雅鈴
設計裝幀：張寶莉
發　行　人：廖文良

發　行　所：碁峰資訊股份有限公司
地　　址：台北市南港區三重路 66 號 7 樓之 6
電　　話：(02)2788-2408
傳　　真：(02)8192-4433
網　　站：www.gotop.com.tw
書　　號：ACV048100
版　　次：2025 年 06 月初版
建議售價：NT$390

國家圖書館出版品預行編目資料

AI 提問 X 學習 X 應用：ChatGPT、NotebookLM、Gemini、GitHub Copilot 從零到完全實戰 / 吳進北著. -- 初版. -- 臺北市：碁峰資訊, 2025.06
　　面；　公分
　　ISBN 978-626-425-082-5(平裝)
　　1.CST：人工智慧　2.CST：機器學習
312.83　　　　　　　　　　　　　　114005364

商標聲明：本書所引用之國內外公司各商標、商品名稱、網站畫面，其權利分屬合法註冊公司所有，絕無侵權之意，特此聲明。

版權聲明：本著作物內容僅授權合法持有本書之讀者學習所用，非經本書作者或碁峰資訊股份有限公司正式授權，不得以任何形式複製、抄襲、轉載或透過網路散佈其內容。

版權所有‧翻印必究

本書是根據寫作當時的資料撰寫而成，日後若因資料更新導致與書籍內容有所差異，敬請見諒。若是軟、硬體問題，請您直接與軟、硬體廠商聯絡。